Martin Ebner

Von heulenden Wölfen, seufzenden Schafen und anderem Getier

Humorvolle und kritische Geschichten rund um Menschen, Tiere und die Jagd

Leopold Stocker Verlag
Graz–Stuttgart

Umschlaggestaltung:
DSR Werbeagentur Rypka GmbH, 8143 Dobl, www.rypka.at
Umschlag-Illustrationen:
istockphoto.com/animatedfunk (Wolf) bzw. istockphoto.com/dedMazay (Schaf)

Bibliografische Information der Deutschen Nationalbibliothek
Die Deutsche Nationalbibliothek verzeichnet diese Publikation in der Deutschen Nationalbibliografie; detaillierte bibliografische Daten sind im Internet unter http://dnb.d-nb.de abrufbar.

Hinweis: Dieses Buch wurde auf chlorfrei gebleichtem Papier gedruckt. Die zum Schutz vor Verschmutzung verwendete Einschweißfolie ist aus Polyethylen chlor- und schwefelfrei hergestellt. Diese umweltfreundliche Folie verhält sich grundwasserneutral, ist voll recyclingfähig und verbrennt in Müllverbrennungsanlagen völlig ungiftig.

Auf Wunsch senden wir Ihnen gerne kostenlos unser Verlagsverzeichnis zu:
Leopold Stocker Verlag GmbH
Hofgasse 5 / Postfach 438 A-8011 Graz
Tel.: +43 (0)316/82 16 36
Fax: +43 (0)316/83 56 12
E-Mail: stocker-verlag@stocker-verlag.com
www.stocker-verlag.com

ISBN 978-3-7020-1956-3

Layout: Ecotext-Verlag Mag. G. Schneeweiß-Arnoldstein, Wien
Repro: DSR Werbeagentur Rypka GmbH, 8143 Dobl

Inhalt

© Martin Ebner

Ein treuer Begleiter durch dick und dünn

Vorwort für Nichtjäger

Sie sind kein Jäger, aber jemand, der Tiere gerne hat und sich für Geschichten rund um Menschen, (Wild-)Tiere und Jäger interessiert? Dann haben Sie genau das richtige Buch in der Hand. Reich bebildert, mit zahlreichen Kurzgeschichten zu all den kleineren und größeren „Tragödien“, die sich tagtäglich im Umfeld von Mensch und Tier abspielen. Und wenn Sie auch noch der Meinung sind, ihre Lachfalten im Gesicht sollten wieder einmal etwas aktiviert und trainiert werden, dann müssen Sie unbedingt weiterlesen.

Mögen Sie die Jagd und die Jäger? Hm, etwas skeptisch, aber grundsätzlich ja? Dann sind Sie in guter Gesellschaft mit der Mehrheit unserer Bevölkerung. Gemäß einer Umfrage des Deutschen Jagdverbandes sind rund 80 % der Deutschen davon überzeugt, dass die Jagd notwendig ist, um Wildbestände zu regulieren und Wildschäden in Feld und Wald vorzubeugen. In der Schweiz und Österreich liegen die Werte ähnlich hoch. Und wenn Sie jetzt denken, eigentlich weiß ich gar nicht genau, was Jägerinnen und Jäger so machen, dann ist das nicht erstaunlich. Denn etwa zwei Drittel der Bevölkerung haben keinen Kontakt zu Jägern. Das ist nicht verwunderlich, da der Anteil der Weidfrauen und Weidmänner an der Gesamtbevölkerung nur etwa 0,45 % beträgt.

Denken Sie jetzt aber nicht, dass ich Sie mit meinen humorvollen Geschichten über heulende Wölfe, seufzende Schafe und anderes Getier für die Jagd indoktrinieren möchte. Beileibe nicht, denn Tiergeschichten bleiben Tiergeschichten, auch wenn da und dort ein grün gekleidetes Männchen oder Weibchen oder gar noch etwas Gewichtigeres, beispielsweise ein Politiker, in einer der Erzählungen vorkommt. Aber, und das sei zugegeben, wenn Sie am Ende dieses Buches etwas mehr über Jagd und Jäger wissen, dann würde mich das sehr freuen. Denn leider endet dieses Wissen bei manchen Zeitgenossen immer noch in der Kindheit beim ach so süßen Bambi-Film von

Walt Disney: Jagd bedeutet dort böse, schießwütige Jäger, die ohne Gewissensbisse Bambis Mutter umbringen, und reißende Hunde, welche die Tiere des Waldes zu Tode hetzen.

Also: Machen Sie sich auf zur Spurensuche durch meine Geschichten und Erzählungen, lesen Sie, was Frösche und Bambis gemeinsam haben, weshalb in unseren Breitengraden Löwen ausgesetzt werden sollten, warum Bache Angela ihre Mit-Waldbewohner mit dem Schlachtruf „Wir schaffen das“ dazu auffordert, alle Menschen aus ihrem Lebensraum zu vertreiben, und was man als Jäger im Umgang mit naturfremden Urbanen alles „Voll krass“ erleben kann. Viel Lesefreude!

Bambis sind sooo süß!

Vorwort für (Wild-)Tiere

Ja, ich weiß, ihr Wild-, Haus- und Nutztiere habt es mit uns Menschen nicht immer leicht. Ersteren machen wir nicht nur den Lebensraum streitig, ihr werdet auch noch zu unserer Beute. Als Hunde und Katzen, der Menschen Lieblinge, landet ihr in unseren Breitengraden zwar nicht auf einem Teller, dafür müsst ihr für allerhand Ersatzbedürfnisse herhalten: Kinderersatz, Partnerersatz und Ersatz gegen die Einsamkeit. Und ihr Nutztiere? Euch geht es am miesesten: Ihr werdet gehalten und gezüchtet für ein kurzes Leben, volle Leistung und mageren Speck.

Allzu gerne würde sich deshalb die „dumme Kuh", anstatt sich ein kurzes Leben lang tagtäglich 30 Liter Milch abpumpen zu lassen, in ein Wildrind in freier Wildbahn verwandeln. Das Hähnchen, bevor es auf dem Grill landet, möchte sehnlichst ein Adler sein und das Hausschwein, bevor sein Speck im Rauch hängt, als Wildschwein durch die Maisäcker streifen. Mit anderen Worten: Nutztiere möchten gerne Wildtiere sein. Und das trotz aller Gefahren, die auf sie in der freien Natur lauern. Doch ein Entrinnen aus der „Obhut" der Menschen gibt es nicht (mehr). Die Verweigerung, sich diesen untertan zu machen, hätte vor Tausenden von Jahren geschehen müssen, als die Menschen Wildtiere in Besitz nahmen und domestizierten. Heute ist es dazu zu spät. Und deshalb beendet ein Hähnchen nach etwa 30 Tagen seine Mast, unfreiwillig natürlich, und wird anschließend industriell geschlachtet. In Deutschland sind das jeden Tag rund 3 Millionen Tiere, die „ihren Kopf verlieren", in der Schweiz 30.000, die zu Poulets oder Chicken Nuggets verarbeitet und anschließend gegessen werden.

Auch Haustiere essen Nutztiere, denn der Mensch bevorzugt die feinsten Stücke und überlässt den Rest seinen Lieblingen. Und so verzehren Hunde und Katzen saftiges Rind- und Hühnerfleisch, angereichert mit Vitaminen und Spurenelementen, welche für weiße Zähne, gesunde Knochen und ein glänzendes Fell sorgen sollen. Es soll auch Menschen geben, die ihren Stubentigern Rindsfilet servieren, selber aber vegetarisch leben. Deshalb geht es euch Haustieren eigentlich wie im Paradies, außer jenen, die als Streuner unterwegs sind, an Fettleibigkeit leiden, aus Qualzuchten stammen oder auf dem Schoß von Frauchen oder Herrchen vor Langeweile fast krepieren. Sei's drum: Haustier sein ist kein übler Job.

Kommen wir noch zu den Wildtieren. Bei euch stehen das Fressen und die Erhaltung der Art zuoberst auf dem Tagesprogramm. Alles andere ist Zugabe. Dass euer Leib von Jägern als super Bio-Produkt ganz ohne Antibiotika und Schlachtstress verkauft wird, ist euch zwar nicht entgangen und ehrt euch. Aber ehrlich: Ob ihr am Ende eures Lebens im Rachen eines Wolfes, im Fang eines Luchses, an einer Wildkrankheit oder im Gewehrfeuer eines Jägers endet, ist euch einerlei. Hauptsache, man hat stets genug zu fressen, die eigene Art stirbt nicht aus und die Großraubtiere inklusive der Jäger machen es zum Schluss rasch und möglichst schmerzlos. Dass dazwischen geheult, geseufzt, geklagt, geblasen oder geschreckt werden muss, ist der Preis für das doch einigermaßen schöne Leben, das ihr in der freien Natur verbringen könnt.

Hunde sind die Lieblinge der Menschen.

Über all das und noch vielmehr wird in den Geschichten dieses Buches geschrieben. Wenn ihr diese gelesen habt, seid ihr definitiv in der Lage, euch in eurem nächsten Leben – weshalb sollen nur Menschen eine zweite Chance bekommen – als Tiere das auszusuchen, von dem ihr schon lange geträumt habt. Nur eines möchte ich euch empfehlen: Werdet nicht ein Mensch.

Vorwort für Jäger

Selbstverständlich sind Jäger auch Menschen. Aber sonst sind sie doch recht speziell und haben in diesem Buch eine besondere Behandlung verdient: Sie laufen in grünen Gewändern oder Camouflage-Kleidung im Wald herum und sitzen stundenlang auf Hochsitzen. Sie stellen Wildtieren nach, obschon die industrielle Nutztierproduktion genügend Fleisch zur Ernährung anbietet. Sie machen Wildtiere zu ihrer Beute, weiden diese aus und finden, dass ihnen das alles sehr viel Freude bereitet. Irgendwann seien wir Jäger – behaupten zumindest die Jagdgegner – im Verlaufe der Evolution in der Entwicklung stehen geblieben. Nicht etwa geistig, wie böse Zungen kundtun könnten, sondern in unserem Verhalten. Denn heute brauche es keine Jäger und Sammler mehr, welche ihre Nahrung draußen in Wald und Feld zusammensuchen. Vielmehr mache es die moderne Wirtschaft möglich, dass jeder Mensch, der gerne ein Stück Fleisch verzehren möchte, dieses vakuumiert und blutleer beim Großverteiler einkaufen kann. Und wolle er das nicht, dann bleibe ihm immer noch die vegetarische oder gar vegane Variante der Ernährung.

Ja, wir Jäger sind eine verschwindend kleine Minderheit, so um die 0,45 % an der Gesamtbevölkerung. Dafür mit vielen Privilegien. Wenn wir die anspruchsvolle Jagdprüfung bestanden haben, können wir mit einer Waffe durch Wald und Flur streifen, ohne gleich einen Großeinsatz der Polizei zu riskieren. Zwar bezahlen wir für diese Vorzugsbehandlung – und das nicht zu wenig – und unterziehen uns einer strengen Reglementierung unseres Tuns, doch als Gegenleistung winkt uns bei der Ausübung unseres Handwerks die große Freiheit. Aber auch ein gewisses Unverständnis der „normalen" Bevölkerung für unser Machen: „Wie kann man nur Tiere töten, von denen man behauptet, dass man sie liebe, hege und pflege? Wie kann man von einem unvergleichlichen Naturerlebnis schwärmen und gleichzeitig mit blutbefleckten Händen seine Beute zur Kühlkammer bringen?

Wie kann man in einer hellen Winternacht stundenlang auf einem Hochsitz auf den Fuchs warten und dann mit leeren, aber klammen Händen nach Hause fahren?“ Doch, man kann, und zwar deshalb, weil man ein Jäger ist. Das verstehen natürlich Nichtjäger des 21. Jahrhunderts meist nicht. Müssen sie auch nicht, wir wünschen nur, dass sie uns und unser Tun akzeptieren.

Jetzt sind wir beim springenden Punkt angelangt: Wir Jäger fühlen uns von unseren lieben Mitmenschen oftmals unverstanden. Da lesen wir doch kostenlos zu jeder Tages- und Nachtzeit auf den Straßen überfahrene Tierkadaver zusammen, wir retten im Frühjahr Rehkitze vor den Mähmaschinen und sorgen dafür, dass die hungrigen Mäuler von Reh, Hirsch & Co. den Förstern nicht noch den letzten Waldbaum kahlfressen. Und dann müssen wir lesen und hören: „Jäger sind Mörder“. Das geht natürlich an die Substanz, und manch einer aus unserer grünen Gilde hat deshalb die Flinte ins Korn geworfen, oder, noch schlimmer, ein jagdliches Burnout erlitten. Das ist jedoch definitiv keine gute Lösung, weder für uns Jäger noch für die Jagd. Genießen wir deshalb unser Handwerk in vollen Zügen. Heulen wir mit den Wölfen – diesen etwas erfolgreicheren Beutegreifern als wir es sind – die uns wieder einmal ein Stück Rotwild vor der Nase weggefressen haben. Und seufzen wir mit den Beamten – das sind ja auch nur Menschen – welche uns zum x-ten Mal darauf aufmerksam machen, dass wir Form 14, dreifach (in der EU die Verordnung Nr. 931/2011 betreffend den Nachweis über die Rückverfolgbarkeit von Wildbret sowie die Verordnung Nr. 853/2004, Anhang III, Abschnitt IV zur Bescheinigung der kundigen Person) endlich, bitte, bitte endlich, richtig ausfüllen sollen.

Oder auf Neudeutsch: Take it easy. Für jene unter uns, die bei dieser „Selbstfindung“ etwas Startschwierigkeiten haben, ist dieses Buch der ideale Einstieg. So quasi eine Anleitung mit vielen spannenden, auch satirischen Geschichten zur Bewältigung des jagdlichen Alltags und des Umgangs mit urbanen Normalos.

Fürs Sofa geboren

Hunde schafft man nicht einfach an, Hunde kauft man auch nicht wie eine Hose im Kleidergeschäft. Oftmals ist es Liebe auf den ersten Blick, grad so wie bei uns Menschen. Aber nicht nur der verführerische Welpenblick zählt, auch Größe und vorgesehener Verwendungszweck sind entscheidend. Suche ich einen Hund zur Rattenbekämpfung, taugt ein Deutscher Schäferhund wenig, ein Jack Russel Terrier wird sich aber voll in seinem Element fühlen. Soll mein Zukünftiger dagegen meinen Speisezettel bereichern – keine Angst, jetzt folgt kein Rezept zum Braten von Hundewelpen – beispielsweise

Auf der Fuchsdecke ist es kuschelig!

mit Trüffeln, dann drängt sich eher ein Trüffelhund der Rasse Lagotto Romagnolo auf als ein Englischer Mops. Oder suche ich ein umweltfreundliches Verkehrsmittel, mit dem ich mich jeden Tag zur Arbeit fahren lassen kann, dann würde ich eher zu einem Husky-Schlittenhund raten, als zu einem Rehpinscher. Und wie bei uns Menschen schlummern in Hunden Fähigkeiten, die sich erst nach Monaten entfalten und die im besten Fall aus einem tapsigen Fellbündel den super Begleiter fürs ganze Leben machen, im schlechtesten jedoch eine Nervensäge. Wir sehen: Bevor wir einen vierpfotigen Hausfreund unser eigen nennen können, braucht es eine ganze Reihe von Entscheidungen.

Auch in unserem Hundehaushalt war es wieder einmal soweit: Sanja, die allerbeste aller Hundedamen – über Kleinigkeiten wie Biskuits vom Salontisch klauen kann man bei so viel Qualität getrost hinwegschauen –, war in die ewigen Jagdgründe hinübergewechselt. Deshalb wollten wir für ihren „Neffen" Bosco eine neue Partnerin suchen. Diese sollte nicht nur den über die Jahre verkümmerten Spieltrieb des Rüden wieder wecken, sondern ihm in seinen alten Tagen im gemeinsamen Kessel etwas Wärme geben. Die Hauptanforderung an die Neue (aufgrund des fortgeschrittenen Alters des Rudelführers): Es sollte ein nichtjagender Jagdhund sein. Ein schwieriges Unterfangen und ein Widerspruch in sich selbst.

Die Anzeige in einer Jagdzeitschrift „Tigerdackel zu verkaufen" stach sofort in die Augen. Wenn ein gewöhnlicher Dackel schon als unerschrocken gilt, würde so ein dackeliger Tiger wohl vor nichts zurückschrecken und als Wachhund bestens taugen. So war es auch: Zwar die Kleinste im Wurf, hing sie den Geschwistern ständig an Rute und Behang und unserem Bosco kroch sie nach der ersten Nase zu Nase Begrüßung furchtlos zwischen den Läufen hindurch.

Der Handel war rasch perfekt, umso mehr, als die schöne, langhaarige, schwarz-graue Dame Ginger hieß. Da machte es bei mir gleich klick: Ginger, Ginger Rogers war doch die Diva des amerikanischen Films. Die Nichtjägerin, Sängerin, Tänzerin und Schauspielerin, die nicht nur fünfmal verheiratet gewesen war, sondern unzähligen Männern den Kopf verdreht hatte. Letzteres hätte die erste Warnung für mich sein müssen. Die zweite war der Umstand, dass Ginger als 13. Hund in mein Leben trat. Mann ist zwar aufgeklärt und nicht abergläubisch, trotzdem ist es nicht ratsam, einen 13. Welpen anzuschaffen, einen 13. Partner zu ehelichen und an einem 13. weitreichende Entscheide zu treffen. Und so nahm das Schicksal seinen Lauf. In der ersten Nacht stundenlanges Heulen aus dem Zwinger und eine Reklamation der Nachbarin wegen Nachtruhestörung. In der zweiten leises Wimmern neben dem Bett, in der dritten der erfolgreiche Umzug auf die Bettdecke und in der vierten wohliges Rudelschlafen. Damit konnte die Integration in die Familie erfolgreich abgeschlossen werden.

Tagsüber war sich Ginger, wie es sich für Diven gehört, nicht zu schade, die meiste Zeit auf dem Stubensofa zu verbringen, eingekuschelt in die Fuchsfelldecke. Schön erhöht, damit die Aktivitäten der Rudelmitglieder leicht überwacht werden konnten. Da lag sie dann und träumte vor sich hin. Leises Zucken zeigte jeweils die erste Traumphase an, dann wurde es wilder. Dem lauten Schlafbellen nach zu schließen, jagte sie wilde Tiere von mindestens Elefantengröße über und unter der Erde. Und wenn sie nach siegreicher Schlacht aufwachte und mit stolzem Blick in die Runde schaute, war jedermann sofort klar: Unsere Diva mit den langen Wimpern, Ginger von der Fuchshöhle, ist fürs Sofa geboren und hat der von den Vorfahren geerbten Jagdpassion abgeschworen.

Von Fröschen und Bambis

Kaum ein Tag vergeht ohne die Radiomeldung „Tiere auf der Fahrbahn". Das kann ein Rind sein, das sich vor dem Metzgermesser aus dem Staub gemacht hat, oder ein Wildtier, welches auf seinem Wechsel durch die Kulturlandschaft irgendwo eine Straße überqueren will. Kritisch wird es auf Autobahnen, wo ein Flüchten aus der Gefahrenzone wegen der Zäune meist nicht möglich ist, oder auf Landstraßen, die an Wälder angrenzen.

Und so kommt es, wie es kommen muss: In der Schweiz werden jedes Jahr um die 15.000 größere Säugetiere Opfer des Verkehrs, darunter rund 8.000 Rehe. In Deutschland kracht es 268.000-mal im Jahr, dabei haben die Rehe den höchsten Anteil mit rund 40 %. Im Durchschnitt findet alle zwei Minuten eine Kollision mit einem Säugetier oder Vogel statt. Außer massivem Blechschaden kommen auch Menschen zu Schaden. Insgesamt betrugen in der BRD im Jahr 2018 die wirtschaftlichen Schäden durch Wildunfälle über 750 Millionen Euro. Das ist kein Wunder, wenn man bedenkt, dass es durchaus zu einem Duell zwischen einem 100-Kilo-Keiler und einem Smart kommen kann. Da hilft dann kein Elchtest mehr.

Geholfen wird den Fröschen und Kröten im Frühjahr, wenn diese das tun, was auch wir Menschen zur Arterhaltung machen – sich paaren. Hunderte von freiwilligen Helferinnen und Helfern stellen in der Nähe von Laichplätzen die Straßen entlang Abschrankungen aus Plastik oder Draht auf, welche den Amphibien das Überqueren der Straße verunmöglichen. Die Tiere werden entlang der Zäune geleitet und fallen in Gruben, werden dort eingesammelt und in Kesseln aus der Gefahrenzone gebracht.

Doch nicht nur der Straßentod lauert, nein, auch Langschnäbel wie Graureiher haben längst entdeckt, dass sich in den Krötengruben nicht nur leckere, sondern auch zahlreiche Froschschenkel ansammeln. Was bedeutet, dass es frühmorgens jeweils zu einem Wettlauf zwischen Retterinnen und Fressenden kommt. Ganz nach dem Motto „Wer hat den Frosch zuerst im Fang?"

Jetzt stellt sich für uns Weidmänner und Weidfrauen natürlich die Frage, weshalb Frösche und Kröten, diese teils warzigen, unterkühlten Wesen, bei uns Menschen mehr Sympathien erhalten als Rehe, Wildschweine, Füchse und Hasen? Weshalb springen Hundertschaften von Retterinnen und Rettern frühmorgens aus ihren Federn, um

Sind Frösche knuddeliger als Bambis?

die Lurche vor dem Plattwalzen zu bewahren? Ja, warum stehen nicht reihenweise Mitfühlende am Straßenrand, um Bambi und Co. vor den Autos zu retten? Sondern nur ab und zu eine Blechtafel, welche auf einen Wildwechsel hinweist. Ist es die Chance auf den küssenden Froschkönig, der sich in einen veritablen Prinzen verwandeln könnte? Oder das Wissen, dass eine Erdkröte nach ihrer Wanderung zum Laichplatz einige tausend Eier ablegen wird, um den Fortbestand der Art zu sichern? Ich weiß es nicht, klar ist aber, dass es so nicht weitergehen kann. Denn auch eine Rehgeiß mit zwei Kitzen in der Tracht lebt gerne, genauso wie Frosch und Co.

Hilfe für unsere jagdbaren Wildtiere kommt jetzt aus Skandinavien, wo jährlich mehrere Tausend Rentiere dem Straßenverkehr zum Opfer fallen. Das ist natürlich ein Wirtschaftsfaktor, denn Rentiere gehören jemandem, nicht wie unsere herrenlosen Wildtiere, für die wir Jäger noch etwas bezahlen müssen, damit wir sie aus Feld und Wald in unsere Gefriertruhe bugsieren können. Unter dem Slogan „Sei sicher, werde gesehen" wird bei den Nordländern ein hell reflektierender Spray angeboten, mit dem man Tiere besprühen kann, um deren Sichtbarkeit auch bei Dämmerung und Dunkelheit zu gewährleisten. Jetzt stellt sich nur noch die Frage, wie der Spray auf den Balg, die Decke oder die Schwarte eines Wildtieres kommt. Innovative Ideen sind gefragt. Beispielsweise Patronen, die anstelle von Bleifrei-Geschossen Farbkugeln verschießen. Oder die Installation von Spraydosen mit Selbstauslöser an Zwangswechseln. Oder bei der Rehkitzrettung das gefundene Kitz mit einem Strahl aus der Dose einnebeln. Gemäß Werbung ist die Wirkung am besten, wenn Bein oder Schwanz – Letzteres geht natürlich nur bei Füchsen und Wildschweinen – markiert werden, da diese ständig in Bewegung sind. Und noch einen Vorteil hat dieser reflektierende Spray für uns Jäger, insbesondere für jene, welche nachts den Sauen nachstellen: Landwirte können damit ihre Kühe, Ponys und Schafe anschreiben, damit uns Jägern beim Einsatz von Nachtsichttechnik oder im Lichte unserer Surefire-Lampen das Ansprechen einfacher fällt.

Das Krokodil oder „Jägersprache sprichwörtlich"

Die Jägersprache und zahlreiche Redewendungen mit Wildtieren haben Eingang in unsere Alltagssprache gefunden, ohne dass wir uns groß Gedanken über deren Herkunft machen. Die Weidmannssprache – nicht zu verwechseln mit dem Jägerlatein – ist zwar eine tote Sprache, denn neue Wortschöpfungen gibt es keine. Sie ist jedoch eine sehr bildhafte Ausdrucksform. Nehmen wir beispielsweise die Ohren unserer Wildtiere. Bei den Rehen sind es die Lauscher, bei den Feldhasen die Löffel, beim Fuchs das Gehör und beim Wildschwein die Teller. Oder das Maul: Beim Reh der Äser, beim Fuchs der Fang und beim Wildschwein das Gebrech.

Leider scheint die Jägersprache, zumindest in Schweizer Jagdgefilden, langsam, aber sicher auszusterben. Klar, man wünscht sich noch Weidmannsheil und bestätigt dieses mit Weidmannsdank – die Smartphone-Wischer-Generation verkürzt diese Ausdrücke auf Wei-Hei oder WmH und WeiDa bzw. WmD –, doch am Aserfeuer, wenn über die Erlebnisse des reicherfüllten Jagdtages berichtet wird, beherrscht oftmals unsere Umgangssprache das Geschehen. So kann man etwa hören: *„Dä rise cheibe Cheib isch cheibemäßig de Cheib ufgcheibet. Drum han i nur de wiisi Arsch gseh."* Der eine oder andere, dem sich ob dem Gesagten sämtliche Magennerven aktivieren und der noch mit einem letzten Hauch an weidmannssprachlicher Seele gesegnet ist, wird zwar einwenden, man könne das auch etwas weidmännischer schildern: *„Eine starke Rehgeiß sei hochflüchtig den Hang hoch gewechselt. Deshalb habe er nur den weißen Spiegel sehen können."* Doch den „Cheibe-Cheib-Erzähler" stört das meist wenig.

Volksschullehrer Christian Müller, seit Generationen von Schülerinnen und Schülern liebevoll „das Krokodil" genannt – seine hervorragenden pädagogischen Fähigkeiten stehen im krassen Gegensatz

Krokodile können auch sanftmütig wirken.

zu seiner äußeren Erscheinung mit den weit heraussstehenden „Fangzähnen" im Oberkiefer –, ist ein wandelndes Sprichwörter-Lexikon, und seine fünfminütige, morgendliche Kopfrechnungslektion unter dem Motto „Morgenstund hat Gold im Mund" ist legendär. Eines Tages meinte er, an Schüler Hubertus gewandt: „Du willst doch mal als Jäger in die Fußstapfen deines Vaters treten, wie wäre es mit einem Kurzvortrag über jagdliche Redewendungen?" Hubertus war begeistert und kurze Zeit später stand er vor der Klasse, mit Jägerhut, grüner Kluft und Jagdstiefeln.

„Es war vor sechs Wochen", begann Hubertus, „als Nathalie neu in unsere Klasse kam. Nach kurzem Ansprechen war ich mir sicher: Einem solch zierlichen Schmalreh mit derart langen, schlanken Läufen und einem wohlgeformten Spiegel wirst du nie mehr begegnen. Mir war klar: Der frühe Vogel fängt den Wurm. Deshalb galt es, unserem Klassen-Macho Fritz den Brunftplatz nicht mehr zu überlassen. Natürlich hatte ich bereits Wind bekommen, dass er sich bei Nathalie als Platzhirsch aufspielen wolle. Aber anstatt die Flinte ins Korn zu werfen oder diese an den Nagel zu hängen oder gar das Hasenpanier zu ergreifen, wollte ich mir diesmal die Gelegenheit nicht mehr durch die Lappen gehen lassen. Schlau wie ein Fuchs, bevor Fritz überhaupt

Lunte riechen konnte, spitzte ich mein Gehör und klopfte den Hasen aus dem Busch. Dabei dachte ich: Jetzt ziehe ich dem Fritz das Fell über die Ohren. Natürlich soll man das Fell des Bären nicht verkaufen, bevor man ihn erlegt hat, aber diesmal war ich mir sicher, wo der Hase im Pfeffer liegt. Ich schöpfte also einen Schluck Powerdrink als Zielwasser, nahm Fritz aufs Korn und gab ihm eins hinter die Löffel. Und schon konnte ich ihn zur Strecke legen. Mein Schmalreh, das dem Brunftkampf zugeschaut hatte, wusste sofort: Das ist ein Kerl aus echtem Schrot und Korn."

Die Klasse trommelte Beifall, Nathalie errötete bis über beide Ohren, Hubertus ging zu seinem Platz, und Lehrer Müller hob den rechten Daumen: „Eigentlich hast du mit diesem Vortrag die Bestnote Sechs verdient. Trotzdem gibt es nur eine Fünf plus, das Ganze ist zu sexistisch, das passt nicht mehr in die heutige Zeit." „Aber, Herr Krokodil (Gekicher) … ääh, Herr Müller …" Weiter kam er nicht, denn Müller unterbrach ihn: „Nur eine Fünf wegen Lehrerbeleidigung." Die Pausenglocke beendete weitere Diskussionen. Nathalie wartete draußen auf Hubertus und teilte mit ihm einen roten, pausbackigen Apfel. Als die Schüler ins Klassenzimmer zurückkamen, konnten sie an der Wandtafel lesen: „Sag einem Krokodil erst, dass es hässlich ist, wenn du den Fluss überquert hast."

Heulende Wölfe – seufzende Schafe

In Deutschland leben rund 1,6 Millionen Schafe, in Österreich sind es etwa 250.000 dieser blökenden Wollknäuel und in der Schweiz ebenso viele. Sie liefern uns nicht nur Milch und Käse, sondern auch feine Lammracks für den Grill. Und oben auf den Alpen sorgen die vom Staat subventionierten Vierbeiner dafür, dass die Almen nicht verbuschen. Also eine heile Welt, könnte man meinen. Ja, wenn da nicht ein paar Wölfe wären, die schnell herausgefunden haben, dass eine Schafkeule leichter zu erjagen ist als ein Hirsch. Vor allem dann, wenn sich die Schafe bei einem Wolfsangriff zusammenrudeln – was sie eigentlich instinktiv immer tun – und sich dadurch dem Grauhund als gedeckter Tisch präsentieren. Und so kam es wie es kommen musste: Die in den drei Ländern lebenden gut 1.000 Wölfe tun sich nicht nur an Wildtieren gütlich – was aus Sicht der Förster eine grundsätzlich vorbildliche Tat wäre – sondern auch an Zuchtschafen, Milchschafen und Wollschafen. Und das wiederum führt zu weiteren Subventionen für gerissene Schafe und Herdenschutzhunde, welche die Schafe vor dem bösen Wolf schützen sollen. Aber auch Menschen fühlen sich bedroht, vor allem jene, die in ihrer Jugend das Märchen vom Rotkäppchen gelesen haben. So berichtete im Radio die Resi von der Schafalp, dass es ihr durch Mark und Bein gehe, wenn in der Abenddämmerung das Heulen des Wolfsrudels und das Seufzen ihrer Schafe durch das Tal hallt.

Spätestens hier sind wir bei den Politikern angelangt, welche sich ihrer Klientel, sprich Wählerschaft, verpflichtet fühlen und Besserung versprechen. Sei dies mit noch höheren Subventionen oder der Forderung nach dem Abschuss der Übeltäter. So geschehen im Frühjahr/ Sommer 2019: Das Parlament der Schweiz hatte über den Entwurf eines neuen Jagdgesetzes zu beraten. Ein gefundenes Fressen für die

Herdenschutzhund inmitten seiner Schützlinge

Wölfe und Schafe in den eidgenössischen Räten. Eigentlich hätte man davon ausgehen dürfen, dass nun die Sternstunde der Parteien mit einem christlichen „C" oder einem evangelischen „E" geschlagen habe. Denn wann bietet sich in einem säkularen Staat, und dann noch im Parlament, schon mal die Gelegenheit, den Kolleginnen und Kollegen aus dem Buch der Bücher zitieren und auf christliche Werte verweisen zu können. Angeboten hätte sich beispielsweise ein Zitat aus dem Buch des Propheten Jesaja: *„Die Wölfe werden bei den Lämmern wohnen und die Parder (Leoparden) bei den Böcken liegen. Ein kleiner Knabe wird Kälber und junge Löwen und Mastvieh miteinander treiben."* Anschließend hätte ein Vertreter der A-Partei als Atheist aus Matthäus 7,15 zitieren können: *„Seht euch vor den falschen Propheten vor, die in Schafskleidern zu euch kommen, inwendig aber sind sie reißende Wölfe."*

Es kam aber ganz anders. Bereits einer der ersten C-Parlamentarier, der ans Rednerpult trat, sprach nicht über die Versöhnung von Wolf und Schaf, sondern vom Wolf als Zerstörer der Biodiversität: Studien in Frankreich würden zeigen, dass *„der Wolf und andere Großraub-*

tiere die schlimmsten Feinde der Biodiversität sind". Und anschließend gleich die Replik: „*Der Wolf ist ein Segen für die Biodiversität.*" Aber auch diese Aussage und noch vieles mehr verhallten im Geheule der Wölfe und Geseufze der Schafe im Parlament.

Noch bevor der Genfer Liberale Benoît Genecand für sein Schlussvotum ans Mikrofon treten konnte, war die Redeschlacht schon entschieden. Die bodenständigen Bergler und die guten Schafe hatten gewonnen, der böse Wolf und die naturfremden Urbanen verloren. Genecand sorgte dann aber doch noch für etwas Aufregung, als er, frei übersetzt, meinte: „*Ohne polemisch zu werden, liebe Freunde, möchte ich euch daran erinnern, dass alle Schafe, die auf unseren Alpen großgezogen werden, ihr Leben in einer Metzgerei aushauchen. Wenn ein Wolf ein Schaf frisst, ist das nicht anders. Für das Schaf spielt es keine Rolle, ob es zwischen den Zähnen eines Menschen oder Wolfes landet. Es geht hier ganz einfach nur um die Konkurrenz zwischen Mensch und Wolf. Sie haben noch nie vorgeschlagen, dass diese Schafe ihre alten Tage auf den Alpen verbringen dürfen. Alle werden geschlachtet.*"

Ein mächtiges Heulen und Seufzen ging durch den Ratssaal. Und auf den Alpen blökten die Lämmer.

Auf vier Tatzen ins Paradies

Im Sommer 2007, kurz nach Mitternacht, überschreitet JJ3 auf der Trentino-Route die Schweizer Grenze. Der Schein des Vollmondes verwandelt das Zollhaus am Umbrailpass in einen Märchenpalast. Ein Vorbote des Garten Edens, den sich JJ3 im Val Müstair sehnlichst erhofft. Richtigerweise erhoffen darf, denn 104 Jahre nachdem im 20. Jahrhundert der letzte Bär in der Schweiz auf die Decke gelegt worden war, ist die Willkommenskultur eine andere geworden. Ursprünglich wollte JJ3 die einfachere Ostroute über Südtirol und Österreich nach Bayern nehmen, doch dann machte in Bärenkreisen die schreckliche Nachricht die Runde, dass sein Bruder JJ1, alias Bruno, in der Nähe des Spitzingsees im Süden von Bayern im Juni 2006 als Problembär abgeschossen wurde.

Einem der vier Zöllner fällt zwar die zottige Gestalt auf, die etwas unbeholfen und nur kurz sichtbar vor dem Fenster des Zollhauses vorbeitrottet. Aber da gerade Schichtwechsel und damit wie immer eine kurze Partie „Arrivederci Giuseppe" angesagt ist, konzentriert er sich auf seine Spielkarten. JJ3 ist froh, unbehelligt über die Grenze gekommen zu sein und ruht sich ein paar hundert Meter weiter nordwärts von dem langen Fußmarsch aus. Das Handy klingelt. Eine SMS: „Bainvis en svizra, Sie können nun Ihr Guthaben gratis aufladen, Ihre Telecom." Unnötig, denkt JJ3 und wendet sich seinem Hunger zu. Der Notproviant, den ihm seine Mutter auf den Weg mitgegeben hat, schmeckt freiheitlich paradiesisch, ganz anders als in der Heimat. Alles ist problemlos verlaufen. Jetzt noch eine Mitteilung an Jurka, seine Mutter: *„hey mam bin im paradies alles ok lg."* Dann geht es weiter Richtung Santa Maria, aber bald überkommt ihn die große Müdigkeit, und kurze Zeit später träumt er laut schnarchend dem Tag entgegen. Als er am Morgen aufwacht, scheint ihm bereits die wärmende Sonne aufs Fell. Ein leises Summen dringt an sein Ohr. Das tönt vertraut, ganz so wie an den Südhängen seiner Heimat, des Parco

Naturale Adamello Brenta im Trentino. Bienen, natürlich Bienen, und wo Bienen sind, da sind deren Waben nicht weit. Der Rest ist Routine, und sein Bärenhunger fürs erste gestillt.

Gefundenes Fressen

Im Schlaraffenland

Sein sündiges Leben im Schlaraffenland wird nur einmal kurz unterbrochen, als er nach der weiteren Plünderung eines Bienenstocks plötzlich einem Menschen gegenübersteht, einen Knall vernimmt und anschließend in einen wunderschönen „Friss-die-Bienenwaben-Traum" verfällt. Von nun an trägt er ein GPS-Halsband. Dass damit sein Bärenleben gläsern geworden ist, berührt ihn nicht. Auch all die Unterländer stören ihn nicht, die ihm, mit Kameras bewaffnet, hautnah auf den Pelz rücken. Ab und zu bekommt er sogar eine Karotte oder eine Bündner Nusstorte zugeworfen, eine willkommene Abwechslung zu seinen Bienenwaben und Schaf-Mahlzeiten. Das Medienecho ist riesig. Von „Blick" bis „Glückspost" gibt es bärenstarke Reportagen. Und in der Stadt Zürich stricken Mädchen und Burschen im koedukativen Handarbeitsunterricht Pulswärmer und

Stulpen, damit JJ3 den Winter hindurch nicht frieren muss. Anfang November 2007 tritt er den Winterschlaf an. Die Bündner Regierung freut's, denn nun kann sie ohne Stress ihre Broschüre „Wie lebe ich mit Bären-Immigranten?" fertigstellen und anschließend in alle Haushalte des Bärengebietes verteilen.

Am 20. Februar 2008 wacht JJ3, inzwischen zweijährig geworden, aus seinem Winterschlaf auf. Dank der Bienenstock-Standorte-App des Bündner Bienenzüchterverbandes findet er bald den nächstgelegenen Bienenstock. Und mit dem Fressen kommt der Appetit. Das ruft die Wildhüter auf den Plan. Gummischrot da, Gummischrot dort, immer exzessiver, denn JJ3 scheut nicht mehr davor zurück, bis in Siedlungen

Der letzte Bissen

vorzudringen. Die Willkommenskultur weicht Angstreflexen, und deshalb wird JJ3 vom Problem- zum Risikobären. Und es kommt, wie es kommen muss: Am 14. April, kurz vor Mittag, stellt Ursina K. in T. einen frisch gebackenen Apfelkuchen zum Auskühlen auf den Fenstersims ihres Hauses, nicht wissend, dass sich JJ3 in der Nähe herumtreibt. Und der wiederum ahnt nicht, dass die Wildhut auf ihn wartet, diesmal, gemäß Medienmitteilung der Bündner Jagdverwaltung, nicht nur mit Gummischrot- und Narkosegewehren ausgerüstet.

Einem lauten Knall folgt ein tiefer, tödlicher Schlaf, und ein Stück des eben geraubten Apfelkuchens bleibt zwischen Gaumen und Zunge kleben. Ein paar Monate später steht JJ3 als Stopfpräparat im Bündner Naturmuseum im Blitzlichtgewitter einer staunenden Öffentlichkeit. Auf einer Tafel neben seiner rechten Pranke steht: JJ3, * Winter 2006, † 14. April 2008.

Die Politik schaltet sich ein

Und es kehrt Ruhe ein. Nicht ganz, denn derweil sich Bündner Rechtsaußen-Politiker freuen, dass ab sofort keine exorbitanten Beträge mehr für vierpfotige Immigranten ausgegeben werden müssen, lecken die Schutzorganisationen ihre Wunden. Was ist schief gelaufen? Nichts bis wenig, meinen die einen, alles, die anderen. Die urbane Internetcommunity ereifert sich und fordert: „Entwaffnet die Bündner", „Bienenstöcke unter den Boden" und „Gratis Lammfleisch für Bären". Ein Kondolenzbuch für Bärenfreunde wird eingerichtet. Die Diskussionen erreichen sogar unser Bundesparlament. In einer Sondersitzung des Nationalrates verlangen Vertreter der zweitgrößten Partei höhere Flüchtlingskontingente für in ihrer Heimat verfolgte Bären, inklusive missbrauchter Tanzbären aus der Türkei. Dazu sollen im gesamten potentiellen Verbreitungsgebiet von Braunbären Unterflurcontainer für Haushaltsabfälle gebaut, alte, gebrechliche Schafe ohne Schutzzaun entlang der Trentino-Route angesiedelt und spezielle Zentren für im Straßen- und Bahnverkehr verletzte Großraubtiere eingerichtet werden. Und eine Rednerin verlangt die psychologische Betreuung von durch Gummischroteinsätze traumatisierte Bären. Die Kollegen und Kolleginnen der größten Partei fordern dagegen den Bau eines Zaunes entlang der Schweizer Grenze vom Splügenpass bis Samnaun, minimale Sprachkenntnisse für Bären in den vier Landessprachen der Schweiz sowie die Rückführung aller illegal Eingewanderten in ihr Herkunftsland. Einig sind sich Links und Rechts nur in der Frage, ob den Bären für den Lebensunterhalt Naturalien oder Bares ausgehändigt werden soll. Bärengerecht seien Lachse, Honig sowie Heidelbeeren und nicht Geldscheine der Nationalbank. Aber bei der Bemessung der Größe der Ration sowie der Dauer der Abgabe solcher Lebensmittelpakete gerät man sich bereits wieder in die Haare.

Nichts gelernt

Anschließend ist es bärenruhig. Zwar erscheint ab und zu ein Brauner im südlichen Teil des Kantons Graubünden, aber so richtig wohl scheinen sie sich im Paradies nicht zu fühlen. Erst Anfang April 2012 taucht M13, ebenfalls ein Honigliebhaber, im Unterengadin auf. Aus Sicherheitsgründen wandert er zwischen der Schweiz, Italien und Österreich hin und her, um damit den Behörden keine Zeit zu lassen, ihn in die Kategorie „Problembär" einzuordnen. Aber auch das Wandern ist gefährlich, wird doch sein Bruder M14 an der Brenner-Staatsstraße überfahren, er selbst Ende April von der Bahn angefahren und sein zweiter Bruder M12 auf der Straße Meran-Bozen totgefahren. Und dann geht es ziemlich schnell: Eine trächtige Eselin wird gerissen, dazu immer wieder Schafe, er durchstreift Wohngebiete im Puschlav und vernascht in einem Ferienhaus Kartoffelvorräte. Zwar kann M13 im Winterschlaf noch von seinen Schandtaten träumen, doch kaum daraus erwacht, erschreckt er zwei Touristen, verpasst diesen einen nachhaltigen Schock und wird am 20. Februar 2013 im Puschlav erschossen. Aus der Traum vom Paradies.

Zweieinhalb Jahre später taucht M32 auf. In der Schule für Auswanderer im Parco Naturale wurde ihm beigebracht, wie er sich am besten in seinem Gastland verhalten solle, um sich stets unter dem Radar von Schafhaltern, Bienenzüchtern und Jägern bewegen zu können. Deshalb meldet er sich bei Tage artig am Schalter des Zollamtes am Umbrail. Auf die Frage des Zöllners nach seinen Kenntnissen in den vier Landessprachen entgegnet er umgehend mit Bramm, Brimm, Bromm und Brumm. Und die sieben aktuell regierenden Ministerinnen und Minister kann er locker aufzählen: Sommaruga, Leuthard, Schneider-Ammann, Berset, Maurer, Burkhalter und Widmer-Schlumpf. Der Zollbeamte empfiehlt ihm, Widmer-Schlumpf nur im Kanton Graubünden zu nennen, sollte es ihn nach Zürich verschlagen, wäre Ex-Minister Blocher zielführender, und schickt ihn Richtung Tal.

Sofort sind rund um den Schweizer Nationalpark sämtliche Hotelbetten bis zur letzten Badewanne überbelegt. In den örtlichen Restaurants gibt es saftige Bärensteaks, angeliefert aus dem Bärenpark in Bern, und im Nationalparkzentrum in Zernez können die Besucher Bio-Karotten für den hungrigen Bären kaufen, das Pfund für zehn Franken. Mit ungewohnter Emsigkeit bemüht sich die offizielle Schweiz um den Asylbewerber. Alle sind sich einig: Diesmal sind wir vorbereitet und machen es besser. Kaum ist er da, spricht niemand mehr von einem Italiener oder gar einem „Tschingg", sondern vom Schweizer Bären. Von Links bis Rechts ist man sich einig, dass der Immigrant sofort, auch wenn er als „Sans Papier" (ohne Papiere) eingereist ist, das Schweizer Bürgerrecht erhalten soll. Dem Bären selbst ist das alles scheißegal. Er trottet bärenruhig seines Weges, reißt dort ein Kalb, da ein Schaf, vergnügt sich mit einem Weidezaun und macht eine Mülltonne zu Abfall. Alles Dinge, die er eigentlich nicht tun sollte. Immerhin, Bienenstöcke und Apfelkuchen lässt er meist links liegen. Dafür hat er eine neue Nahrungsquelle entdeckt. Das, was aus Magen und Darm von uns Zweibeinern aus den Zugstoiletten auf die Geleise fällt. Im Bündnerland sind das die Reste von Pizokel, Capuns

Bärenschule für Auswanderer

und Bündner Nusstorte. Und die wirken, indirekt, in der Nacht vom 8. auf den 9. April 2016 für den Bären tödlich. Kurz nach 23.00 Uhr wird er in der Nähe von S-chanf durch den Regio 1277 der Rhätischen Bahn überfahren. Seine letzten Gedanken: *„Da habe ich mich sprachlich und mit meinen Fressgewohnheiten voll in mein Gastland integriert sowie konsequent auf Spaghetti, Risotto und Panettone verzichtet. Weshalb liege ich jetzt tot auf dem Geleise?“*

Mut zu neuen Ideen

Einmal mehr hat die Asylpraxis für Braunbären die Erwartungen nicht erfüllt. Die Liste der gescheiterten Einwanderer ist lang: Lumpaz und Bruno – zu Beginn gab man den Bären noch Namen, was sie aber allzu menschlich machte – JJ1, JJ2, JJ3, MJ4, M2, M7, M12, M13, M25, M17, M32 und eine ganze Anzahl namenloser. Es stellt sich deshalb die Frage, wie künftig mit Meister Petz und anderen Großraubtieren umgegangen werden soll, damit weitere Immigranten bei uns nicht nur ein neues Zuhause finden, sondern langfristig überleben, sich wohlfühlen und integrieren können. Klar ist: Die bisherigen Formen und Regeln der Migrations- und Integrationspolitik haben versagt. Weder die „Seid-herzlich-willkommen-Strategie“ mit Rundumversorgung, noch die Kampagnen gegen die „Sozialsystem-Plünderer“ und „Schwarzen Schafe“, noch der beherzte Kampf gegen die Vandalen-Akte der Vierbeiner haben Erfolg gezeitigt. Die Vier-Tatzen-Immigranten kommen einfach und machen sich breit, ob das den Schweizern, Österreichern oder Bayern passt oder nicht. Deshalb können künftig nur Maßnahmen greifen, die bei allen Beteiligten, den Ureinwohnern, den urbanen Teddybärfreunden und bei den Immigranten selber ansetzen.

Zuerst sind Vertreter der Schafhalter und Jäger aufs Korn zu nehmen, die unter der Rotkäppchen-Phobie leiden und deshalb in Bären und Wölfen nur brutale Bestien sehen. Diese Phobie ist nicht etwa ein Gendefekt, wie manche vermuten, sondern vom Neandertaler weitergegeben, dessen DNA natürlicherweise und aus Überlebensgründen dieses Schutzgen enthielt. Ja, enthalten musste, weil im Überlebenskampf Mann gegen Bär oder Wolf eine gewisse Zurückhaltung gegenüber diesen Raubtieren durchaus angebracht war. Heute braucht es den Kampf nicht mehr: Frau und Mann holen ihr Steak nicht in der Wildnis, sondern beim Großverteiler. Damit sind die „Neandertaler des 21. Jahrhunderts" überflüssig geworden. Glücklicherweise sind diese einfach auszumachen, sind sie doch glühende Anhänger von Grimms Märchen und können die Geschichte vom Rotkäppchen auswendig rezitieren. Entsprechend ausgebildete Genetiker müssen nur noch das Rotkäppchen-Gen neutralisieren. Und schon sind die Urängste verflogen.

Aber auch bei den der Natur entrückten Städtern muss angesetzt werden. Bären und Wölfe in freier Wildbahn haben andere Ansprüche als jene in HD-Qualität auf dem Fernsehbildschirm in der guten Stube. Sie wollen vor allem allein und ungestört leben können und nicht als „Ach so süß" vermarktet werden. Zielführend wären deshalb in unseren Alpen Rayon-Verbote für naturbewegte Urbane.

Etwas schwieriger wird es bei Bär und Wolf selber. Aber auch bei diesen gibt es Erfolg versprechende Lösungsansätze. Wie wäre es beispielsweise mit einem 2.000 Hektar großen Bären- und Wolfsgehege mitten im Schweizer Nationalpark bei Zernez? Dort könnten alle Großraubtiere, welche in das Land einwandern, für eine gewisse Zeit angesiedelt werden und müssten sich nicht mehr vor Pulverdampf und Blei fürchten. Gleichzeitig könnte man die Tiere durch einen Bärenflüsterer sozialisieren und umerziehen. Will heißen, aus den blutrünstigen, Schafe, Ziegen und Hirsche reißenden Bestien und wilden Bienenstock-Zerstörern werden, zwar immer noch wilde, aber vegane Individuen ihrer Art. Selbstverständlich mit dem Ziel, diese nach ein paar Monaten wieder in die freie Natur zu entlassen. Das aber erst nach einer erfolgreich bestandenen Austrittsprüfung. Dafür werden die Tiere ohne Fütterung drei Wochen lang in einer Herde von Schwarznasenschafen gehalten. Überleben die Schafe, entlässt man die sozialisierten Veganer in ihre Habitate in die Freiheit. Dort können sie die Alpweiden von Blacken und invasiven Unkräutern säubern. Eine absolute Win-win-Situation. Ich denke, wir schaffen das.

Pest oder Cholera?

Wenn die Europäische Union (EU) ein neues Gesetz schafft oder ein bestehendes erweitert, dann bewegt das die gut 500 Millionen Menschen in den 27 Mitgliedstaaten wenig bis gar nicht. Der eine oder andere Deutsche bekommt vielleicht einen mittleren Migräneanfall, und bei den Österreichern macht eine EU-Allergie die Runde. Damit aber hat es sich. Weshalb auch aufregen, wenn man doch nichts ändern kann. Bis zur nächsten Wahl werden einige Jahre vergehen, die Abgeordneten werden die Gesetzesmühle weiterhin kreativ antreiben, und eigentlich lebt es sich ganz gut, weit weg von Brüssel.

Ganz anders wir Schweizer. Als stolze Nicht-EU-Bürger wohnen wir zwar „*mitten im Herzen Europas*", lassen uns aber von den Brüsseler Paragraphenreitern kaum je aus der Ruhe bringen. Weshalb sollten wir uns durch ein Gesetz zur maximalen Dicke einer Banane oder einer Toilettennutzungsverordnung aus der Reserve locken lassen? Bananen wachsen bei uns eh keine, und das stille Örtchen nutzen wir, wie es schon unsere Altvorderen gemacht haben. Heute vielleicht eher ohne zugeschnittenes Zeitungspapier, sondern mit Dusch-WC. Ernst wird es erst dann, wenn die Brüsseler Vögte uns vorschreiben wollen, wie wir unsere Goldesel besteuern müssen, oder, was Ende des Jahres 2018 geschah, mit welchen Waffen wir künftig unsere Freiheit verteidigen dürfen. Ja, das erweiterte Waffengesetz der EU brachte das Fass wieder einmal zum Überlaufen. Und flugs wurde von Schützen, Jägern und anderen Freunden von Schießeisen das Referendum ergriffen. Das ist in der Schweiz ein Klax. 50.000 Unterschriften genügen, um Bundesregierung und -politiker zu zwingen, einmal aufs Volk zu hören und nicht bereits an die nächsten Wahlen zu denken.

Weil wir Schweizer sonst keine gröberen Probleme haben, wurde die Causa Waffengesetz recht dramatisch inszeniert. Für die Gegner ging es um nicht mehr und nicht weniger als die Verhinderung des Untergangs der Eidgenossenschaft: Für was hatten Tell und die alten

Eidgenossen gekämpft, für was hatten sie den Habsburgern die Köpfe blutig geschlagen und für was hatte die moderne Schweiz vor achtzig Jahren dem Despoten aus dem Norden den Stinkefinger gezeigt? Ja, für was, wenn jetzt fremde und ferne Vögte die Schweizer Waffenbesitzer entwaffnen wollen! Deshalb galt ab sofort die Devise: „*Stopp dem Entwaffnungsdiktat der EU!*" Und dazu an die Adresse Brüssels, frei nach Schiller: „*Lernt dieses Volk der Hirten kennen!*"

Die Befürworter malten dagegen den Teufel des Rauswurfs aus dem Schengenraum an die Wand, eine Zukunft mit Schlange stehen an den Grenzen zur EU und andere Widerwärtigkeiten. Recht hatten selbstverständlich die Protagonisten beider Seiten, wie das bei einer Abstimmung über unsere Zukunft stets der Fall ist. Damit kam es wie es kommen musste, nicht sachliche Argumente entschieden den „Waffengang", sondern die Wahl zwischen Pest und Cholera. Und das Volk der Hirten, mehrheitlich war es ein solches der Städter und Waffenfernen – die weder eine Kalaschnikow mit großem Magazin im Kleiderschrank aufbewahren noch Terroristen in der Nachbarschaft ausmachen können – entschied sich am 19. Mai 2019 mit 63,7 % der Stimmen für das Waffengesetz der EU und nahm damit in Kauf, dass es, so jedenfalls das Orakel der Gegner, „*in weniger als zehn Jahren entwaffnet ist*". Kein Gewehr, keine Pistole mehr, einfach nichts. Bei einer solch schauerlichen Prognose fragt sich mancher passionierte Jäger, ob er schon heute auf die Jagd mit der Kamera umstellen soll. Unsinn: Es gibt stets Alternativen, in diesem Fall die Armbrust. Schon Wilhelm Tell weidwerkte damit auf die Gams im schroffen Fels, und sein Sohn Walther meinte zum fremden Vogt Gessler: „*Der Vater trifft den Vogel ja im Flug, er wird nicht fehlen auf das Herz des Kindes.*"

Also: Nichts wie los, Flinte, Drilling und Repetierbüchse auf Vordermann bringen und diese beim nächsten Waffenhändler gegen eine Armbrust tauschen. Die großen Waffenhersteller haben bereits reagiert und bieten Silence-Armbrüste mit Carbon-Lochschaft, integrierter Nachtsichttechnik und bleifreien Pfeilspitzen an. Kein patriotisch gesinnter Politiker, und welcher ist das nicht, wird sich je dagegen stellen. Jägerherz, was willst du noch mehr!

Wir schaffen das!

Beim Zappen durch die Fernsehprogramme stieß ich im Zweihunderterbereich auf Animal-TV, wo gerade ein charmantes Schmalreh eine illustre Talkrunde begrüßte. Das Thema: „Wildtiere als Straßenopfer". Das interessierte, denn auf unseren Straßen werden jedes Jahr mehr Wildtiere platt gedrückt, vom Regenwurm über den Igel bis zum Rothirsch, als durch Jäger zur Strecke kommen. Die Diskussion plätscherte ruhig dahin, man sprach von Zäunen, Grünbrücken, generell von mehr Rechten für Tiere auf Verkehrswegen, und Tempo 60 auf Autobahnen und Außerorts. Ich wollte gerade weiterzappen, als sich ein rotes Eichhörnchen zu Worte meldete, vorgestellt als Max aus dem Ruhrpott und Gewerkschaftsmitglied. Max brachte es auf den Punkt: *„Wenn wir Wildtiere schon keine Rechte auf den Verkehrswegen der Menschen haben, dann sollen diese gefälligst auch keine im Wald haben. Menschen haben in unseren Wäldern nichts zu suchen. Basta!"*

Jetzt ging so richtig die Post ab. Der Moderatorin entglitt die Gesprächsleitung völlig, und alle brummten, klagten und grunzten durcheinander. Bis Bache Angela mit dem rechten Vorderlauf auf den Tisch klopfte und meinte: *„Ja, es wird immer schrecklicher. Erst kürzlich kam wieder so eine Fußhupe kläffend durch das Gebüsch gerannt, streckte ihre Nase in meinen Kessel und wollte einen meiner Frischlinge am Pürzel packen. Doch weit gefehlt. Mit meinem Gebrech brachte ich ihr das Fliegen bei, und bis sie in einer gefühlten Ewigkeit wieder auf dem Waldboden landete, war die ganze Gegend mit ihrem Gewinsel erfüllt."* Da wollte Meister Bockert, Künstlername Dustin Beaver, nicht zurückstehen. Er berichtete von Gemeindearbeitern, welche immer wieder seine sorgfältig gebauten Burgen abrissen und die feinen, zarten Weiden entlang des Baches mit Drahtgeflechten einpackten. *„Von was sollen wir denn leben!"*, rief er erregt in die Runde. Und Max berichtete von einer Gruppe Waldkinderschüler, welche

© Martin Ebner

Der Wald gehört den Menschen.

nichts Gescheiteres zu tun wussten, als die von ihm und seiner Familie fein säuberlich aufgehäuften Tannenzapfen, den Notvorrat für den nächsten Winter, für eine Tannenzapfenschlacht zu entfremden. Zum Schluss kam die rote Ameisenkönigin Amadiesli zu Worte: Pferde, Jogger, Geo-Cacher, Liebespaare und andere Zwei- und Vierbeiner würden tausendfach ihre Untertanen zerdrücken. Sie habe manchmal sogar Mühe, genügend Eier zu legen, damit ihr Volk nicht aussterbe. Sprach's und legte ein paar hundert Eier unter den Mikrophonständer im Studio. Bald war man sich einig: Dieser Menschenlawine im letzten Wildtierlebensraum musste Einhalt geboten werden. „Menschen raus aus den Wäldern", wurde zum Leitsatz. Und das Schlusswort von Leitbache Angela machte Hoffnung: „Wir schaffen das!"

Keine zwei Wochen waren seit der Sendung vergangen, als die Boulevardmedien Schreckliches aus dem nahen Stadtwald berichteten. Eine Senioren-Wandergruppe sei friedlich den Bach entlang marschiert, als plötzlich hinten, vorne und mittendrin Dutzende Bäume auf sie herunterkrachten. Die Ermittlungen der Polizei hätten ergeben, dass von Bibern angenagte Erlen gleichzeitig umfielen, zur fraglichen Zeit aber völlige Windstille geherrscht habe. Offenbar seien die sonst nachtaktiven Tiere tagsüber am Werk gewesen. Fast gleichzeitig sei eine Gruppe friedlicher Schüler von einer wilden Horde Eichhörnchen angegriffen worden, die Hunderte von Tannenzapfen, vollgespickt mit Zecken und Läusen aus dem nahen Dachsbau, den völlig überraschten Kids an den Kopf warfen. Keine Stunde später forderten aufgebrachte Eltern auf Facebook den Abschuss all dieser Waldbewohner mit dem buschigen Schwanz.

Der Stadtrat reagierte schnell und professionell. Innerhalb von nur drei Tagen standen am Waldrand Schilder mit dem Hinweis: „Kein Zutritt für Wildtiere. Zuwiderhandlungen werden mit Abschuss oder Insektizid-Einsatz geahndet." Und anlässlich der Einweihungsfeier der Verbotstafeln versprach Stadtpräsident Merk seinen Einwohnern – noch sichtlich gezeichnet vom Überfall der Ameisen, dank Ameisensäure dafür frei von Rheuma – innerhalb von einem Monat einen menschenfreundlichen und behindertengerechten Wald ohne Wildtiere. *„Das ist zwar ein ambitiöses Ziel und wird uns über alle Parteigrenzen hinweg fordern"*, rief er den applaudierenden Zuhörern zu, *„doch wir schaffen das."*

Wildschweinschwemme

Unsere Drückjagden im Herbst sind stets eine wunderbare Plattform für einen Gedankenaustausch über Diana und die Welt im Allgemeinen und unsere geliebte Jagd im Besonderen. Streckt man seinen Windfang auch mal über die Landesgrenze hinaus, kommen weitere Aspekte dazu. Andere Länder, andere Sitten, oder jagdlich ausgedrückt: Wir bewegen uns zwar alle auf dem gleichen Wechsel, doch dabei gibt es unterschiedlichen Anblick und unterschiedliche Strecken. Trotzdem, die Witterung mag da und dort anders sein, die Probleme auch, aber grundsätzlich verbindet uns alle unsere Passion. Wir wollen jagen können und dabei Beute machen.

Ja, Beute machen. Und wer Beute macht, hat dann meist auch etwas für die Gefriertruhe. Sei dies für die eigene oder jene eines Wildbrethändlers. Und damit beginnen manchmal die Probleme. Zwar gibt es hierzulande praktisch keine Schwierigkeiten beim Absatz von Rot- und Rehwild, und die 10.000 Sauen, die jedes Jahr in der Schweiz zur Strecke gelegt werden, finden in der Regel auch ihren Abnehmer. Alles Bio – und Bio ist gefragt. Nur, sollten aus den 10.000 Schwarzkittel einmal deren 50.000 werden, sind Sorgenfalten auf Jägers Stirn vorprogrammiert. Bio hin oder her. Zumindest ist das so bei unseren nördlichen Nachbarn. Dort erlegen 380.000 Jagdscheininhaber jedes Jahr um die 700.000 Stück Schwarzwild. Von „Sauen satt“ reden deshalb die Deutschen. Damit meinen sie nicht, dass ihre Wildschweine den Pansen mit Mais, Weizen und Raps übervoll geschlagen haben – das haben diese zwar auch – nein, unsere Kollegen bezeichnen damit das, was wir vielleicht mit „Wildschweinschwemme“ umschreiben würden. Kurz: Nach der „Rentnerschwemme“ droht nun auch noch ein Übermaß an Polentagrapschern. Mit Konsequenzen, und zwar nicht nur für unsere Freunde aus der Landwirtschaft, deren Felder geplündert und umgegraben werden, sondern auch für unseren Geldbeutel. Die Kosten für Schwarzwildschäden werden zu- und die Erlöse

Ist Eva die erste Vegetarierin?

aus dem Verkauf von saftigen Wildschweinkeulen abnehmen. Und zwar dramatisch. Das hört man jedenfalls auf den Herbstjagden im Norden. Im Bundesland Mecklenburg-Vorpommern würden ganze

70 Cent, das sind lächerliche 80 Rappen, für ein Kilogramm Schwarzwild in der Schwarte bezahlt. Das heißt, eine 50 Kilogramm schwere Überläuferbache bringt noch 35 Euro, abzüglich etwa 12 Euro für die Trichinenschau.

Die Sündenböcke für diese dramatische Entwicklung sind, jedenfalls bei unseren deutschen Jagdkollegen, rasch ausgemacht: Die Grünen und die Vegetarier. Seit Jahren predigen erstere „Wild für Wölfe und nicht für Menschen". Das steht wohl in ihrem Parteiprogramm, führt aber bei bewegten Konsumenten und Wolf-Liebhabern zum Verzicht auf Wildfleisch. Für uns Jäger ist das ein zäher Brocken, denn wir haben das Hirschschnitzel lieber auf unserem Teller als im Magen eines Wolfes.

Und die Vegetarier – mehrheitlich weiblichen Geschlechts – lehnen bekanntlich jeglichen Fleischverzehr ab. Zwar werden jedes Jahr in Deutschland aus 60 Millionen „Norm-Industrie-Hausschweinen" Filets, Koteletts, Schinken und Würste gemacht – das sind 240.000 Schweine je Arbeitstag oder total 37 Kilogramm Schweinefleisch pro Einwohner. Die 700.000 im Jahr erlegten, ungenormten und ach so herzigen Bio-Wildschweine können dagegen nur schwer an die Frau gebracht werden. Trotzdem, auch die Vegetarier sind frei von Schuld und Sühne, da sie auf ihr Eva-Gen und damit auf eine jahrtausendealte „Ohne-Fleisch-Tradition" verweisen können. Denn womit hat Eva ihren Adam verführt? Richtig: Mit einer Frucht vom Baum der Erkenntnis. So steht es jedenfalls im 1. Buch Moses: „*Und sie nahm von der Frucht und aß und gab ihrem Mann, der bei ihr war, auch davon und er aß.*" Also lockte Eva ihren Adam nicht etwa mit dem Schenkel eines Huhns oder der Keule eines Lamms, nein, der Köder war eine Frucht. Und deshalb darf man Eva durchaus als Vegetarierin der ersten Stunde bezeichnen. Damit sind wir quitt, denn wir Jäger berufen uns mit unserem Steinzeitjäger-Gen auch auf urzeitliche Wurzeln. Und sind gemeinsam mit den Vegetariern und allen anderen Zweibeinern aus dem Paradies geflogen. Nicht ganz: Denn wenn wir auf der Jagd sind, fühlen wir uns noch immer wie im Garten Eden.

Seifenblasen statt Bienen

„To be or not to be, das ist hier die Frage." Diese Aussage von Hamlet im Theaterstück von William Shakespeare ist vielen von uns bekannt. Wir benutzen sie gerne, wenn wir uns wie Hamlet in einer verzwickten Lage befinden. Im 21. Jahrhundert stehen wir vor einer ähnlichen Frage: *„Bee or not Bee? Biene oder nicht Biene?"* Denn spätestens seit dem Film „More than Honey" von Markus Imhof wissen wir, dass es mit unseren Wild- und Honigbienen nicht zum Besten steht. Noch schlimmer, das große Bienensterben ist angesagt, und so kommt es, dass in den riesigen Obstplantagen Chinas mit Wattestäbchen und Apfelpollen ausgerüstete Menschen Leitern hochkraxeln, um von Hand die Blüten zu bestäuben. Das Bienensterben ist natürlich nicht gottgewollt, sondern wir Menschen sorgen mit Pestiziden dafür, dass wir zwar wunderschön aussehendes Obst und Gemüse essen können, auf der anderen Seite aber Bienen und andere Insekten millionenfach von unserem Planeten verschwinden. Die Bildsequenzen von Imhof zeigen eindrücklich, wie in Nordamerika industrielle Bienenzüchter ihre Zuchtware in große Trucks verladen, mit diesen zu den Mandelbaum Monokulturen in Kalifornien fahren, dort die Bienen zum Bestäuben der Blüten freilassen, und wie dann zwei, drei Wochen später, die gleichen Kulturen mit Chemie eingenebelt werden, sodass die Insekten bienentot von den Bäumen fallen. Offensichtlich hat die dem Physiker Albert Einstein zugeschriebene Aussage *„Wenn die Bienen aussterben, sterben vier Jahre später auch die Menschen aus"* bei unserer Spezies keinen nachhaltigen Eindruck hinterlassen.

Aber keine Angst. In vier Jahren sind nicht alle Menschen tot. Denn kürzlich hat der japanische Forscher Eijiro Miyako eine grundlegende Erfindung gemacht, die Bienen und andere Insekten völlig überflüssig macht. Gott sei's gedankt, dass Forscher nicht nur forschen, sondern manchmal ganz Alltägliches verrichten. Wie Miyako, der mit seinem Sohn Seifenblasen blies. Warum nicht mit Seifenblasen Pollen trans-

© Jonah Weibel/ Shutterstock

Sind Seifenblasen die besseren Bienen?

portieren und diese dann fein und zart auf den Blüten von Apfel- und Birnbäumen zerplatzen lassen? Gedacht, getan. Zuerst versuchte es Miyako mit einer Seifenblasenpistole, dann, damit das Ganze noch effizienter wird, mit einer Drohne, auf der ein automatischer Seifenbläser montiert war. Das Resultat: 5.000 Blasen pro Minute konnten damit produziert werden. Und: Die Seifenblasenmethode ist nicht nur einfacher als das Herumklettern mit einem Pinsel zwecks Handbestäubung. Sie braucht auch nur 1/30.000 der Pollenmenge. Eine absolute Win-win-Situation: Trotz Bienensterben verhindert diese

Erfindung das von Einstein vorhergesagte Menschensterben. Gleichzeitig müssen wir Menschen auch keine Gewissensbisse mehr haben, dass nach einem Bienenstich das arme Tier verendet, weil sein Stachel tief in unserem Fleisch stecken bleibt. Keine Bienen mehr, keine Stiche mehr, keine toten Bienen mehr. So einfach ist das. Auf das bisschen Original-Bienenhonig vom Imker können wir eh verzichten, liefert uns doch die Honigindustrie für unseren Brotaufstrich die viel bessere, fein aromatisierte Ware.

Auch wir Jäger können vorbehaltlos hinter dem Realersatz „Seifenblasen statt Bienen" stehen. Die Artenvielfalt bleibt erhalten, d.h. eine Art verschwindet, die moderne Technik beschert uns jedoch eine neue, viel resistentere. Kommt hinzu, dass wir aktiv in die Bestäubungskampagnen eingreifen können, ja sollen. Mit dem Einsatz von Seifenblasengewehren können wir öffentlichkeitswirksam unsere Treffsicherheit beweisen und unsere Drohnen, welche nur für ein paar Wochen der Rehkitzrettung dienen, lassen wir künftig zur Bestäubung von Apfel- und Birnbaumplantagen in die Höhe steigen.

Ein Problem bleibt jedoch: Wie erkläre ich meinen Enkeln und Urenkeln, wie ihr Schwesterchen oder Brüderchen in den Bauch ihrer Mama gekommen ist? Als es noch Bienen und Blumen gab, konnte man die Kids an der Hand nehmen und sie zum Biologieunterricht zur nächsten Wiese mitnehmen. Vielleicht findet Forscher Miyako auch dafür eine Lösung. Wenn nicht, müssen wir halt unsere Kids, spätestens beim Eintritt in den Kindergarten, mit einem Smartphone ausrüsten. Damit können sie sich die einschlägigen Videos aus dem Internet herunterladen und wissen auch ohne Biene Maya, wie das mit Sex und Kinderkriegen vor sich geht.

Jägerlatein

Bestimmt haben Sie diesen Spruch schon gehört: *„Es wird niemals so viel gelogen wie vor der Wahl, während des Krieges und nach der Jagd."* Er wird Reichskanzler Otto von Bismarck zugeschrieben. Was zwar gemäß der Internet-Bibel Wikipedia nicht stimmt, inhaltlich jedoch durchaus glaubhaft erscheint. Denn dass man Politikern generell, und vor Wahlen im Besonderen, nicht alles glauben kann, was sie versprechen, hat das Fußvolk weltweit schon längst zur Kenntnis genommen. Trotzdem jubelt es seinen Heilsverkündern immer wieder zu. Man könnte sogar meinen: Je mehr gelogen wird, desto mehr wird gejubelt. Unsere Politiker haben offenbar kein Problem damit. Kein Geringerer als Konrad Adenauer, der erste Bundeskanzler der Bundesrepublik Deutschland, soll einmal die klare und bekennende Ansage gemacht haben: *„Was kümmert mich mein Geschwätz von gestern."*

Ein Problem mit der angeblich bismarckschen Aussage sollten jedoch wir Jäger haben. Eigentlich ist es erstaunlich, dass unsere Jagdverbände noch nie gegen diesen Generalverdacht am Europäischen Gerichtshof geklagt haben. Ist es doch unerhört, wenn Jäger und Politiker betreffend Lügen in den gleichen Topf geworfen werden und darin schon seit 150 Jahren gemeinsam schmoren. Denn eines ist klar: Jäger mögen zwar gemäß extremer Tierschutzorganisationen Mörder sein, jedoch lügen tun sie nicht, zumindest nicht berufsmäßig. Ja, vielleicht mal da ein Schummel oder dort ein Verschweigen. Sonst aber sind wir absolut sauber. Denn was uns immer wieder als Lüge angedichtet wird, ist nichts anderes als Jägerlatein. Und dieses ist keine Lüge, sondern eine phantasievolle Darstellung von Erlebnissen bei der Jagd. Und damit ein wichtiges Kulturgut unseres Jägerdaseins.

Jägerlatein ist keine Erscheinung der Neuzeit. Schon die Steinzeitjäger werden ihren Frauen und Kindern nach der Rückkehr von der Jagd ihre Erlebnisse blumiger erzählt haben, als diese wirklich abge-

Ein Prachtshirsch

laufen sind. Oder nehmen wir die Mammutjagd. Wurde ein solches 10-Tonnen-Ungetüm zur Strecke gebracht, gab es ein Grillfest mit einem riesen Feuer, das auf 50 Kilometer Distanz den hungrigen Nachbarn das Wasser im Munde zusammenlaufen ließ und diesen anzeigen sollte, dass da mehr als nur ein Meerschweinchenbraten gegart wird. Die Tradition des Jägerlateins wurde im Nahen Osten fortgesetzt. So wird von einer Hofjagd des assyrischen Königs Tiglatpileser I. berichtet, bei der 120 Elefanten und 800 Löwen erlegt worden sein sollen. Im 18. Jahrhundert war es dann der Baron von Münchhausen, welcher als hervorragender Geschichtenerzähler das Jägerlatein kultivierte. Diesem ging es nicht mehr wie den Potentaten vor Christi Geburt um eine möglichst große Anzahl erlegter Kreaturen, sondern um die Geschichten an sich. Beispielsweise jener vom kapitalen Hirsch, dem er begegnete. Weil dem Baron die Munition ausgegangen war, jagte er ihm eine Ladung Kirschensteine aufs Haupt. Was überhaupt nicht tödlich war. Doch siehe da, ein Jahr später begegnete er dem Hirsch wieder. Und diesmal prangte zwischen dem starken Geweih ein wunderschöner, voll mit leuchtend roten Kirschen behangener Kirschbaum. Päng, und Münchhausen konnte eine ganz besondere Trophäe sein Eigen nennen.

In der heutigen Zeit steht bei den Geschichtenerzählern meistens die Technik im Vordergrund. So berichtete im vergangenen Herbst ein Jäger am Aserfeuer, er würde noch heute nach dem Ansitz auf den Sommerbock im dunklen Tann herumirren, wenn er nicht in weiser Voraussicht im Frühjahr eine Back-Tracking-App vom App-Store auf sein Smartphone heruntergeladen hätte. Es sei plötzlich so dunkel geworden, dass ein Zurückfinden zum hundert Meter entfernten SUV unmöglich gewesen wäre. Und ein anderer erzählte, dass er beim Sauen-Ansitz bei wolkenverhangenem Himmel mit seinem Nachtsichtgerät auf gemessene 182,65 Meter eine führende Maulwurffähe ansprechen konnte. Das Gesäuge habe er deutlich gesehen. Auf den Einwand eines Zuhörers, das könnte aber auch eine Bache gewesen sein, denn der Wurf eines Maulwurfes und eines Wildschweins seien, zumindest im Dunkeln, sehr ähnlich, entgegnete der Erzähler empört, er hätte erst im Vorjahr die Jägerprüfung absolviert und könne problemlos zwischen einer Sau und einem Maulwurf unterscheiden. Die Beispiele zeigen, Jäger lügen nicht. Sie erzählen das, was sie erlebt haben. Und manchmal noch ein bisschen mehr.

Mit Kanonen auf Entenjagd

Seitdem unsere Vorfahren endgültig von den Bäumen heruntergestiegen und aufrecht durch die Savannen gelaufen sind, üben wir Menschen uns in Innovationen. Besonders erfinderisch sind wir, wenn es um das Beutemachen geht. Sei dies zum Erhöhen jagdlicher Strecken oder unseres Kontostandes auf der Bank. Davon waren auch die Ur-Jäger und -Sammler nicht gefeit. Am Anfang bestand die Jagdausrüstung aus Schlingen und Fallgruben – mit schweren Steinen oder Steinäxten wurde die Beute in die ewigen Jagdgründe befördert – dann folgten Speere sowie Pfeil und Bogen, bis Vorder- und Hinterladergewehre das Beutemachen noch einfacher und effizienter gestalteten. Der Zweck heiligte oftmals die Mittel, will heißen, wo zu Hause hungrige Mäuler auf Nahrung warteten, war man in der Auswahl der Jagdgeräte und deren Effizienz nicht sehr kritisch, Tierschutz deshalb ein Fremdwort.

Wer maßlos übertreibt, riskiert, von seinen Mitmenschen entweder als Nachfolger des Barons von Münchhausen bezeichnet zu werden oder mit Kanonen auf Spatzen zu schießen. Denn wer ein Geschütz in Stellung bringt, um einer Schar Spatzen den Garaus zu machen, liegt gemäß heutigem Sprachgebrauch voll krass daneben. Nur, sind die „Spatzen" etwas größer und schwimmen sie auf dem Wasser, sieht die Sache schon wieder anders aus. Jedenfalls war es im 19. und bis Anfang des 20. Jahrhunderts so. Denn damals war die Jagd mit der sogenannten Entenkanone, einer massiv überdimensionierten Schrotflinte, auf Wasservögel an Seen und an der Meeresküste ganz normal. Und es entspann sich dabei ein makabrer Wettbewerb, wer mit einem Schuss am meisten Breitschnäbel ins Jenseits befördern konnte. Zu einem der erfolgreichsten Jäger gehörte der Brite Sir Ralph Payne-Gallwey, der 1889 mit nur vier Schüssen 132 Pfeifenten erlegt haben soll. Von anderen wird von Strecken von 50 bis 80 Enten berichtet, Kollateralschäden, das heißt angeschossene Vögel, nicht eingerechnet.

Britischer Entenjäger um 1912

America first

Wie oft in den vergangenen 200 Jahren tat sich Amerika Anfang des 19. Jahrhunderts mit einer besonderen waffentechnischen Entwicklung hervor: Dem Einsatz von sogenannten „Punt Guns" für die Wasservogeljagd. Damit wollte man zwei Fliegen auf einen Schlag erwischen. Einerseits große Strecken machen, andererseits die riesige Nachfrage der Damenwelt nach mit Federn reich geschmückten Hüten befriedigen. Diese Punt Guns waren natürlich nicht führige und schlanke Doppelflinten, sondern großkalibrige Kanonen, weshalb sie im deutschen Sprachraum „Entenkanone" und in Frankreich „Canardière-Canon" genannt wurden. Zum Einsatz kamen sie auf schmalen langen Booten (punts), auf die sie fest montiert waren. Um mit einem Schuss eine große Anzahl von Wasservögeln erlegen zu können, brauchte es eine langläufige Waffe, ein entsprechendes Kaliber und eine große Ladung an Schrotkugeln. Deshalb waren diese Kanonen mehr als 2 m lang, wogen 80 und mehr Kilogramm, der Laufinnendurchmesser betrug 51 mm (Kaliber A), und mit einer Ladung wurde ein Pfund Blei verschossen. Nach dem Schuss lag, dem verwendeten Schwarzpulver sei Dank, eine dichte Rauchwolke über dem Wasser, und das Boot wurde durch den gewaltigen Rückschlag zurückgestoßen. Ein einzelner Schuss, abgefeuert mitten in ein Schof Enten, tötete problemlos 50 und mehr Wasservögel. Den Rest des Tages verbrachten die Jäger mit dem Einsammeln toter oder auch nur geflügelter Vögel, deren Rupfen und Verkaufen. Um die Effizienz ihrer Jagd noch zu erhöhen, taten sich mehrere Punt-Schützen zusammen, setzten Lockenten ins Wasser und konnten so Tagesstrecken von 500 und mehr Enten erzielen. Dass diese Art von Jagd nicht selektiv war, ist klar, und so kam es wie es kommen musste: Die Wasservogelbestände nahmen rasant ab, und als Folge davon verboten bis Ende des 19. Jahrhunderts immer mehr US-Staaten den Einsatz von Punt Guns. Kommt hinzu, dass der Einsatz von Entenkanonen nicht ganz ungefährlich war. Denn Schrotkugeln, welche keinen Vogel trafen, prallten aufgrund des geringen Einfallwinkels von der Wasseroberfläche ab und berieselten das Hinterland. Da es damals aber praktisch noch keine Freizeitfetischisten in großer Zahl gab, blieb es wohl mehrheitlich beim Verbleien der Landschaft.

Europäer etwas bescheidener

Bekanntlich kommt früher oder später nach Europa, was in den USA Erfolg hatte. So war es auch mit den Entenkanonen. Zuerst in England und Frankreich sowie Italien, später in der Schweiz und teilweise auch in Deutschland, kamen diese „Schiffsgeschütze“ zur Entenjagd zum Einsatz. Die Manufacture Française d’Armes et Cycles de Saint-Etienne warb mit ganzseitigen Inseraten für ihre Produkte, beispielsweise eine „Canardière-Canon“ aus Spezialstahl im Kaliber 1.5 (37 mm) und einer Länge von 2,20 m. Viele Vorzüge dieser Waffe wurden hervorgehoben, so die leichte Bedienbarkeit des Verschlusses, das einfache Schwenken auf dem Boot, die eingebaute hydraulische Bremse, welche den Rückstoß minimieren sollte, und nicht zuletzt die

Punt-Jäger beim „Anpirschen" auf Wasservögel

Verwendung von metallenen, 17 cm langen Patronenhülsen. Auch die optimale Ladung wurde im Prospekt angegeben: 44 Gramm Schwarzpulver Nr. 0 und 380 Gramm Bleikugeln in Schrotgröße 0 (4,2 mm) oder 000 (4,75 mm). Im Schweizer Museum für Wild und Jagd in Utzensdorf ist eine solche Waffe aus Saint-Etienne samt Zubehör ausgestellt. Diese konnte 2005 dem Besitzer Claude Stumpf, Berufsfischer am Neuenburger See, abgekauft werden. Die Canardière kam dort noch Ende der Fünfzigerjahre des 20. Jahrhunderts zum Einsatz. Um sich beim Auslösen des Schusses möglichst wenig bewegen zu müssen und nicht zu riskieren, die Enten zu vergrämen, montierte Stumpf sen. als Abzugshebel den Handgriff einer Fahrradbremse an die Waffe. Die beiden Stumpfs, welche die Entenjagd im Nebenerwerb zur Berufsfischerei betrieben, waren aber nie so erfolgreich wie ihre amerikanischen Kollegen. Stumpf jun. erlegte pro Schuss bis zu 19 Enten, sein Vater soll es gemäß Broschüre des Museums in einem Fall auf 33 Stück gebracht haben.

In der Schweiz gibt es mindestens noch eine zweite Entenkanone. Gemäß Signatur auf der Kammer datiert die von J. Bachelard in Avenches am Murtensee konstruierte Waffe vom 7. März 1923. Die

Technik ist bereits weiter fortgeschritten, weist doch der Verschlusskasten einen Pistolengriff und einen Abzug mit Abzugsbügel auf. Als Schussdistanz werden 100 m angegeben, und es soll möglich gewesen sein, mit einem Schuss 100 Enten zu erlegen. Ob Entenkanonen auch auf dem Bodensee zum Einsatz kamen, ist nicht bekannt. Verboten waren sie nicht. So steht in der Vogeljagdverordnung zwischen dem Lande Baden-Württemberg und dem Kanton Thurgau vom 5. Juni 1954 nur, dass *„nicht aus größerer Entfernung als 30 Meter geschossen werden darf"*. Was den Einsatz einer Entenkanone praktisch unmöglich machte, denn nach einem Schuss auf diese kurze Distanz mit mehreren hundert Schrotkugeln im Kaliber „Entenhagel" wäre das Federvieh wohl bereits gerupft und zerlegt gewesen. Darauf weist auch E. Honegger in seinem Werk „Lockenten vom Untersee – zur Kulturgeschichte der ehemaligen Wasservogeljagd" hin: *„Soweit es sich heute noch eruieren lässt, standen am Untersee keine so genannten Entenkanonen im Einsatz."*

Das Ende der Entenkanonen

Die Wasservogelbestände nahmen gegen Ende des 19. Jahrhunderts vor allem in Amerika massiv ab. Daran hatte die exzessive Jagd einen maßgeblichen Anteil. Aber auch die Nachfrage nach Federn war bei der Damenwelt nicht mehr in Mode. Dazu kam, dass sich nicht nur Jäger, die den Schuss auf schwimmende Enten als nicht weidmännisch anschauten, sondern auch Vogelschützer und Ornithologen gegen den „grausamen" Einsatz von Entenkanonen einsetzten. So berichtet Naumann in der 2. Auflage seiner „Naturgeschichte der Vögel Mitteleuropas, X. Band" u. a. über die Verwendung von Entenkanonen in der Nähe von Grado, Italien: *„Mit diesen (Entenkanonen, in Italien Schioppetone genannt) betreiben die Professionsjäger von Grado leider ein gemeines Morden unter den Enten. Hat der betreffende Jäger von gedeckter Stelle aus bemerkt, dass sich die Enten am Ufer dicht genug geschart haben, dann fährt er sie, in einem kleinen, etwa 15 cm aus dem Wasser herausragenden Boote liegend, vorsichtig an. Ist er auf 80 bis 90 Schritte herangekommen, dann richtet er seine 50 kg schwere,*

4 bis 5 m lange Entenflinte (Vorderlader) auf die dichteste Entengruppe. Der Effekt der aus circa 250 g Pulver und 2 kg groben Bleies bestehender Ladung ist ein grauenhafter. Es ist ein Fall bekannt, wo mit einem solchen Schuss 104 verschiedene Enten gemordet wurden; man spricht aber noch von größeren Resultaten. Der Rückstoß einer solchen Flinte ist ein so gewaltiger, dass er nicht selten dem Schützen trotz des angewendeten Kissens einen Bruch des Schlüsselbeins verursacht. Im verflossenen Winter (von 1897 zu 1898) wurden dort solche Mengen von Enten erlegt, dass sie gar nicht abgesetzt werden konnten und ein großer Teil davon zu Grunde ging.“

Auch in der Schweiz kamen die Entenkanonen unter Beschuss. So schrieb im Ornithologischen Beobachter von 1931/32 Léon Pittet, der Präsident des schweizerischen Landeskomitees für Vogelschutz, dass die Pariser Konvention für den Vogelschutz „*seit ihrer Anwendung für alle Freunde der Natur eine beständige Quelle von Ärger und Enttäuschungen war*“. Und schlägt vor, „*es müssten bei der Ausübung der Jagd verboten sein, erstens jede Grausamkeit und zweitens die Anwendung von Netzen, Fallen, …, Waffen, die das Kaliber 6 übertreffen*“. Es vergingen aber noch Jahrzehnte, bis sich auf gesetzlicher Stufe etwas änderte. Bereits 1955 forderte zwar der Neue Tierschutzverein Zürich die Abschaffung der Entenkanonen, und Ende 1958 doppelte das Schweizerische Landeskomitee für Vogelschutz nach, in dem angeregt wurde, dass zur besseren Schonung des Federwildes die Verwendung von Gift und Betäubungsmitteln verboten und Entenkanonen abgeschafft werden sollten. Aber erst mit dem neuen Jagdgesetz von 1962 wurde die Verwendung von Schrotflinten mit größerem Kaliber als 12 verboten. Damit hatten die Entenkanonen nur noch Sammler- bzw. Altmetallwert. Nur in Großbritannien sollen Entenkanonen noch 1995 im Einsatz gewesen sein. Allerdings mit einer Kaliberbeschränkung auf 44 mm und nur beim Sportschießen.

Schöne Bescherung

Weihnachten ist die Zeit leuchtender Kinderaugen, auch der Besinnung, der Verständigung und der Nächstenliebe. Das ist nicht neu. Bereits im 1. Weltkrieg kam es in der Umgebung von Ypern am 24. Dezember 1914 zum Austausch von Geschenken zwischen deutschen und britischen Soldaten. Diese standen sich in ihren Schützengräben weniger als 100 m gegenüber. Sie zündeten Kerzen an ihren Christbäumen an und feierten im Niemandsland einen gemeinsamen Gottesdienst. Einige Tage später wurde wieder aufeinander geschossen, jahrelang. Glücklicherweise haben wir in unseren Breitengraden keine physisch geführten Kriege mehr, sodass eine solche Kurzzeitverbrüderung mit nachfolgendem Köpfeeinschlagen nicht mehr aktuell ist. Der Nahkampf findet heute in den sozialen Medien und der Politik statt. Da wird gedroht, verunglimpft und an den Pranger gestellt,

© Kulianionak/ Shutterstock

Weihnachten, Zeit der Bescherung – auch für Tiere und Jäger

ohne Rücksicht auf Verluste. Häufig anonym und nicht mehr „Mann gegen Mann". Wie wär's deshalb, wenn man zur Weihnachtszeit in der Kampfarena „Jagd gegen Schutzorganisationen" einmal nicht zum verbalen Zweihänder, sondern in den Korb mit Geschenken greifen würde? Quasi Nächstenliebe auf Zeit. So könnten wir Jäger unseren Kolleginnen und Kollegen vom Vogelschutz zum Weihnachtsessen am 25. Dezember einen Höckerschwan mit Apfelfüllung anliefern. Schließlich kommt bei vielen Familien an diesem Tag eine Weihnachtsgans auf den Tisch. Weshalb nicht einmal zur Abwechslung ein Weihnachtsschwan? Als Gegenleistung könnte der Tierschutz uns Jägerinnen und Jäger mit veganen Burgern verwöhnen. Bestimmt würde anschließend das „Stille Nacht, Heilige Nacht" mit besonderer Inbrunst in den Himmel steigen. Und nicht zuletzt, auch Wölfe sollten ihren Beitrag zur Versöhnung leisten. Beispielsweise, indem sie sich in den letzten zwei Wochen des Jahres als Herdenschutzhunde zur Verfügung stellen und damit den Hirten über die Festtage die verdiente Auszeit ermöglichen.

Alles leider nur Wunschdenken, jedenfalls zu Weihnachten 2019. Keine Geschenke weit und breit. Mit einer Ausnahme, lag doch unter meinem Weihnachtsbaum ein prall gefüllter Briefumschlag, angeschrieben „Vom Christkind". Nun bin ich in einem Alter, in dem meine Augen bei einem Brief vom Christkind nicht gleich wie LED-Leuchten strahlen. Aber wer weiß, vielleicht ist doch etwas Wahres daran, und die Heilige Nacht sendet mir ein göttliches Geschenk? Jedenfalls griff ich zum Brieföffner, entnahm dem Umschlag ein mehrseitiges Papier, auf dessen erstem Blatt mit großer Schrift „Neues Jagdgesetz" stand. Das machte natürlich neugierig. Und schon war ich bei Artikel 1: *„Dieses Gesetz bezweckt, bedrohte Tierarten zu schützen und die Jäger vor dem Aussterben zu bewahren."* Nicht schlecht, dachte ich, endlich bekommen wir die verdiente Anerkennung und werden Teil der Biodiversität. Schnell ging es weiter. Artikel 3 hielt fest, dass jeder Jäger mit einem Prüfungsausweis im ganzen Land unentgeltlich sein Handwerk ausüben darf und Artikel 7a, Absatz 1, dass jegliches Großraubwild außerhalb der Schonzeit landesweit bejagt werden kann. Dazu in Absatz 4 des gleichen Artikels, dass für die Entnahme eines

Wolfes dem Entnehmer (man beachte die Wortwahl!) so lange eine Prämie von 300 Euro bezahlt wird, bis die Wissenschaft in der Lage sein wird, Großraubtiere mittels Genmanipulation in Großvegantiere zu verändern. Doch das war noch längst nicht alles: In Artikel 8 erhielten auch die Schweißhundeführer ihr Zubrot, hieß es doch dort, dass die Aufwendungen für die Anschaffung eines Schweißhundes, dessen Ausbildung, Tierarztkosten und das notwendige Futter unter Vorweisen der entsprechenden Belege vom Staat vergütet werden. Und als Tüpfelchen auf dem i war in Artikel 13 festgeschrieben, dass der Bund sämtliche Schäden von jagdbaren und geschützten Arten übernimmt.

Am Schluss des Gesetzestextes waren die üblichen Floskeln, wie *„Alle früheren Erlasse werden damit aufgehoben"* und *„Dieses Gesetz tritt am 01.01.2020 in Kraft"*. Und dann, ich traute meinen Augen nicht, stand noch:

Alles Fake News
ha, ha, ha
liebe Grüße, das Christkind.

Heiliger Hubertus, jetzt kann man nicht einmal mehr dem Christkind vertrauen. Und mein Glaube an den Nikolaus, den Osterhasen und den Storch steht ab sofort auf dem Prüfstand.

Wir Alten

Diese Glosse ist vor allem den Jägern der Altersklasse 75+ gewidmet, also jenen Weidmännern, welche die erste Prostataoperation hinter sich haben, denen beim Ansitz auf der Kanzel ständig die Nase tropft oder die sich mit dem Gedanken herumschlagen, die Flinte an den Nagel zu hängen und dem „Golden Age Golf Club" beizutreten. Weidfrauen und alle anderen weiblichen Wesen stehen für einmal außen vor, weil sich bei ihnen so um die Fünfzig das „Du-wirst-nicht-älter-Gen" aktiviert, welches ihr Älterwerden vor dem Eintritt ins Rentenalter stoppt, so dass sie bis zum letzten Pirschgang vital und blendend aussehend sowie stets offen für Neues durchs Leben schreiten können.

Wir 75+ Jäger aber leben noch meist in einer jagdlichen Welt, wie wir sie vor sechzig oder mehr Jahren angetreten haben: konservativ über beide Lauscher, allem Neuen skeptisch gegenüber, und leicht ratlos im Umgang mit all den neudeutschen Ausdrücken, die selbst jagdliche Anzeigen nicht verschonen. Braucht unser Waldi unbedingt einen „Back-Home-Tracker" oder eher „Happy-Dog-Activ"-Futter, um nach geschlagener Schlacht mit einem Überläufer wieder wohlbehalten zu seinem Meister zurückzufinden? Oder soll ich meine altehrwürdige Helly-Jansen-Jacke durch eine „All-Season, No-Smell-Camouflage-Hybrid" Oberbekleidung ersetzen, um mich beim Jagen endlich „auf das Wesentliche konzentrieren zu können" wie mir das die Werbung verspricht?

Solche Gedanken muss sich der frisch gebackene Jungjäger nicht machen. Aufgewachsen als Digital Native sucht er nach bestandener Prüfung mit seinem SUV gleich den nächsten Jagdausrüster auf und verlässt diesen voll beladen und 20.000 Euro leichter nach drei Stunden wieder. Ausgerüstet mit einem Take-down-Repetierer im Kaliber .300 Winchester-Short-Magnum, mit 8-fach Zoom Zielfernrohr 2,8–20x56 und eingebautem Flugbahnkompensator, einem Schall-

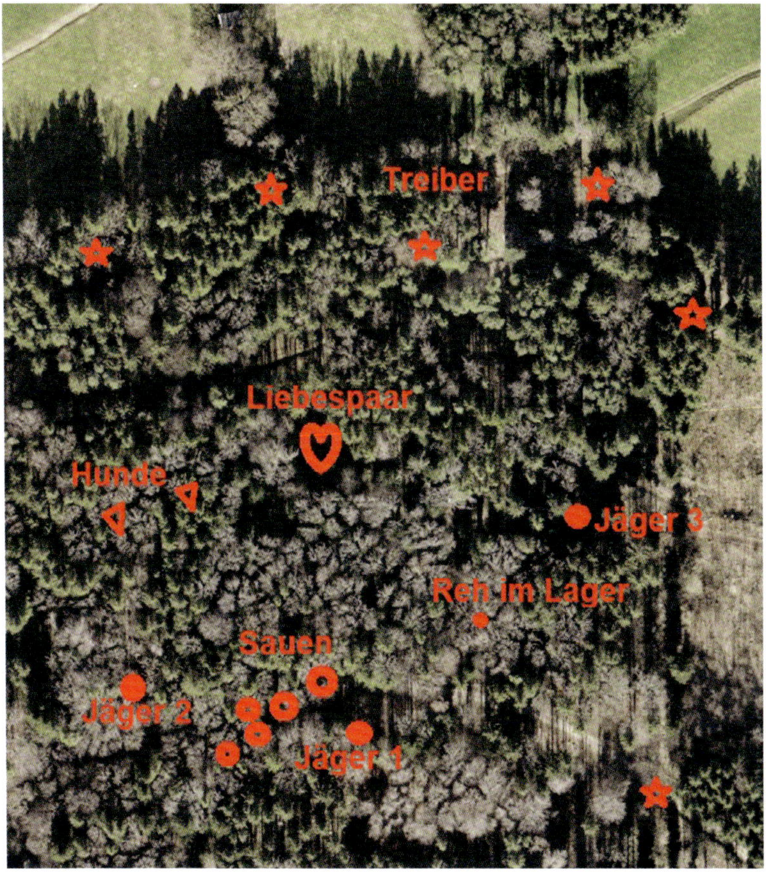

Die App zeigt: Es ist was los im Treiben!

dämpfer, einem digitalen Nachtsichtzielgerät und einem Feldstecher 20x60 mit Bildstabilisator für den Tag- und Nachtansitz. Für den Winter beheizte Underwear, denn „frieren war gestern", wie er seinem alten Jagdkollegen stolz mitteilt, sowie, als Dreingabe des Verkäufers, ein digitales Windmessgerät, das nicht nur problemlos auf jeder Kanzelbrüstung montiert werden kann, sondern über Bluetooth die Daten an das Zielfernrohr übermittelt, damit der Flugbahnkompensator die Windabdrift berücksichtigen kann.

Es ist Herbst und eine Drückjagd auf Schwarz- und Rehwild angesagt. Der Jagdleiter nach der Begrüßung: „*Dank digitaler Hilfsmittel* können wir unseren Jagdtag effizienter gestalten. Überprüft bitte auf eurem Smartphone, ob ihr folgende Apps geladen habt: Zu eurer Sicherheit die App HuntersSec. Hier seht ihr jederzeit euren Standort, jenen der Nachbarschützen, Treiber und Hunde. Bei HuntersTimeTable sind die aktuellen Jagdzeiten ersichtlich. Nur den Namen der Tierart eingeben, beispielsweise Waschbär, und schon zeigt die Ampel mit grün oder rot an, ob ihr das Tier erlegen dürft. Weidmannsheil." Auf dem Stand wird zuerst die HuntersSec aktiviert. Aha, 50 m links ist ein weiterer Jäger, 100 m halbrechts ein dritter. Nach einer halben Stunde Hundegeläut. Ein Blick auf das Display des Smartphones: Mehrere Hunde nähern sich dem Stand. Da ein Schatten links, eine Bache mit vier Frischlingen trollt vorbei. Eintippen Frischling, Ampel grün, Gewehr ergreifen, Smartphone fällt über den Rand des Drückjagdstandes ins Brombeergestrüpp am Boden, Rotte außer Sichtweite.

Beim Streckelegen mit einer Dummy-Sau – alles erlegte Wild hängt bereits im Kühlraum eines Metzgers – ertönt aus den Soundboxen „Sau tot". Der Jagdleiter projiziert die mit Drohnen aufgenommenen Abschussszenen an die Hüttenwand. Dazu die Abschussstatistik. Diese ist mehr als deutlich: 95 % der Abschüsse entfallen auf jene Kollegen, welche aktiv eine Jagd App eingesetzt haben. Zwei Fehlabschüsse, ein Eichhörnchen und eine Katze (Gelächter), auf zwei Senioren, welche noch mit einem konventionellen Handy ausgerüstet waren.

Man(n) sieht: Älterwerden ist eine Herausforderung, besonders für Jäger der Altersklasse 75+. Unsere Jagdverbände wären gut beraten, zum Thema „Digitale Jagd heute und morgen" Weiterbildungskurse für diese Altersklasse anzubieten, um sie vor dem Verrotten im digitalen Zeitalter zu bewahren.

Meister Bockert

Es war Anfang Dezember 2020, Corona hielt die Welt immer noch fest im Griff, US-Präsident Trump bereitete sich auf seine zweite Amtszeit vor, und die Beamtenstadt Bern – das politische Epizentrum der Schweiz – richtete sich langsam aber sicher auf den Winterschlaf ein. Da klingelte um 06.13 Uhr das Telefon von Bundespräsidentin Simonetta Sommaruga. Auf dem Display stand „Merkel". Sommaruga war etwas irritiert.

„Was will den die so früh von mir", dachte sie, nahm dann aber doch den Hörer ab: „Hallo Angela, was treibt denn dich in dieser Herrgottsfrühe um?"

„Hallo, meine liebe Simonetta, ein Riesenproblem, ja, eine Schweinerei sondergleichen. Was ist denn euch um Himmelswillen heute Nacht wieder eingefallen?"

„Wie immer, gar nichts. Doch erzähl".

„Wini hat mich kurz vor Mitternacht angerufen und …" Sommaruga unterbrach sie:

„Wini? Wer?"

„Unser lieber Kollege Winfried Kretschmann, Ministerpräsident von Baden Württemberg. Er hat sich massiv darüber beklagt, dass gestern gegen Mitternacht wieder Dutzende von Migranten die offene Grenze am Hochrhein durchschwommen haben. Und das, ohne von euren Grenzern zurückgehalten zu werden."

„Aber Angela, die kommen doch aus Italien. Schick sie einfach zurück. Für solche Fälle haben wir das Schengen Abkommen."

„Die kommen gar nicht aus Italien, sondern direkt aus der Schweiz." Merkels Stimme tönte weinerlich, und Sommaruga zündete erstmal die Adventskerze an, die auf ihrem Bürotisch stand.

„Meine liebe Angela, beruhige dich. Ich verstehe bis jetzt nur Bahnhof. Kein Schweizer migriert doch freiwillig nach Deutschland. Was ist denn dein Problem? Schieß los."

„Oh, nein, erschießen lassen kann ich die nicht, das würde gegen alle Abkommen verstoßen. Und überhaupt, Wini hat mich ausdrücklich darum gebeten, keine Gewalt anzuwenden. Aufgrund seiner Erfahrungen beim Bahnprojekt Stuttgart 21, bei dem sehr gewalttätig für die Umsiedlung bedrohter Juchtenkäfer und deren Larven demonstriert wurde, will Kretschmann keine Gewalt mehr anwenden."

Schweizer Biber-Migrant auf dem Weg nach Deutschland

„Dann biete doch deine Spezialtruppe, die GSG9 auf. Die schaffen das, die haben doch schon manch heikles Problem Undercover gelöst."

„Ja, Untergrund, das ist das Stichwort. Diese Immigranten arbeiten vor allem im Untergrund. Man sieht sie kaum, nur ihre Spuren sind allzu deutlich."

„Untergrund, Spuren, von was sprichst du, meine Liebe? Geht es hier gar um Tiere? Um Borkenkäfer vielleicht?"

„Ja, Tiere, das meine ich doch schon längst. Nein, keine Borkenkäfer, die haben wir im Griff. Ruck, zuck, und die waren weg. Es geht um diese, wie heißen sie schon, diese pelzigen Beißer mit einem Schwanz wie eine Flunder, ääh, Biber."

„Meinst du etwa Appenzeller Biber, unsere feine Lebkuchenspezialität, unser größter Exportschlager nach Käse, Uhren und Schokolade?"

„Ja, Biber, nein, nicht Lebkuchen. Ich meine die Vierbeinigen. Meister Bockert nennt man ihn bei uns, lateinisch soll er Castor Fiber heißen, wie mir mein Staatssekretär eben ins Ohr flüstert. Zu Abertausenden haben sie den Hochrhein durchschwommen und bei uns ganze Landstriche unter Wasser gesetzt, Bäume gefällt und die Bio-Zuckerrüben weggefressen, die wir euch für gutes Geld verkaufen wollten. Bitte, bitte, helft uns." Kurze Pause. „Und jetzt muss ich aufs Klo. Tschü-üss."

Simonetta Sommaruga hielt den Höher noch lange in der Hand, startete dann ihren Computer und schrieb eine Mail an Angela: *„Meine Liebe, herzlichen Dank für das offene Gespräch. Mein Vorschlag: Wir bauen mitten im Rhein von Basel bis zum Bodensee einen bibersicheren Zaun. Die Planung erfolgt durch uns, die Finanzierung durch euch und Zuschüsse der EU. Im Weiteren nehmen wir drei Dutzend der Biber zurück und setzen sie im Alpenrhein oberhalb von Bregenz aus. Die Österreicher dürfen doch auch von unserem Deal profitieren. Und sollte dereinst die Afrikanische Schweinepest von Deutschland her auf unser Land überschwappen, baut ihr den Zaun wildschweinfest aus. Gib bitte Laut. Herzlichst, deine Simonetta."*

Eine Stunde später berichtete Sommaruga bei der Bundesratssitzung: *„Heute habe ich mit Merkel einen super Deal gemacht, so quasi de Föifer, s'Weggli und d'Beckersfrau usegholt und i ein Sack ine packt."* Rundum Applaus, und von Finanzminister Ueli Maurer gab es einen wunderschönen Strauß roter Rosen.

Form 14, dreifach

Haben Sie seit dem 1. September 2018 noch kein Schalenwild erlegt? Dann hadern Sie nicht mit Diana, sondern bringen ihr Opfergaben dar. Es muss nicht gleich eine R8 sein, ein altes Schießeisen tut's auch, denn unsere Jagdgöttin ist entsprechend ihrem Alter schon recht rostblind geworden. Hatten Sie aber das Pech, in den letzten Wochen nicht nur Anblick, sondern auch Weidmannsheil auf Reh & Co. gehabt zu haben, dann ahnen Sie wahrscheinlich, wohin der Hase laufen wird. Ja, Schreckliches ist geschehen, wenn man der Mehrheit der jagdlich Erfolgreichen Glauben schenken will. Und die Erfolglosen brüsten sich damit, künftig keinen Gewehrabzug mehr zu bedienen. Kein Bumm, kein Aufbrechen, keine Trophäe, kein Gang zum Metzger, nein, nur Arbeitsverweigerung.

Die Situation hat sich in den letzten Wochen insofern noch verschärft, weil unsere Herbstdrückjagden anstanden und es dabei bestimmt zu größeren Strecken gekommen ist. Ging es in früheren Jahren nach dem Streckelegen und dem Verblasen des Wildes gemütlich zum Aserfeuer, fängt die Arbeit für Jagdleiter und Hilfspersonen nun erst recht an. Alle paar Minuten erschallt aus der Jagdhütte der Name eines erfolgreichen Jägers: Benz, Meier, Habegger, Meierhans. Diese verlassen das Feuer – noch nicht ahnend, dass bei ihrer Rückkehr ihre Bratwurst oder ihr Steak kohlrabenschwarz sein wird – und bestätigen mit ihrer Unterschrift, dass das erlegte Stück Wild *„vor dem Tod nicht gestört im Wald herumgelaufen sei"* und *„der Jagdverlauf keine für die Lebensmittelsicherheit relevanten Gefahren mit sich gebracht habe"*.

Ja, Sie lesen richtig: Ein erfolgreicher Jäger oder Jägerin muss seit dem 1. September 2018, dem Zeitpunkt als der Heilige Bürokratius zugeschlagen hat, nicht nur das Wild ansprechen und mit einem sauberen Schuss erlegen können, sondern sich auch mit Verhaltensstörungen beim Wild auseinandersetzen und dessen Genusstauglichkeit mit seiner Unterschrift bestätigen. Ganz offiziell, auf „Form 14, dreifach". Das Original in Weiß für den Kunden, in Gelb für den Metzger und in Grün für die Jagdgesellschaft. Aufbewahrungsdauer: 3 Jahre. So lautet jedenfalls die Vorgabe im Kanton Thurgau. In einigen Kantonen heißt das Formular „Begleitschein Wild" und bei unseren Kolleginnen und Kollegen im Waadtland „Gibier Attestation de mise en circulation comme denrée alimentaire".

Ganz sicher haben unsere Hüter über die Volksgesundheit bei der Einführung dieser Regelung schon an etwas gedacht. Zum Beispiel an die EU. Dort gibt es bereits seit 2011 die Verordnung EU Nr. 931/2011 und damit den Nachweis über die Rückverfolgbarkeit von Wildbret, sowie die Bescheinigung der kundigen Person nach VO Nr. 853/2004 Anhang III Abschnitt IV. Und, das zur Ehrenrettung der Wächter über unsere Gesundheit: Das Ganze hat auch seine positiven Seiten. So wird die Wildbret Hygiene und damit das Vermarktungspotential unserer Beute deutlich verbessert. Zwar ist meines Wissens seit Christi Geburt kein Fall bekannt, dass ein Jäger verhaltengestörtes Wild in Umlauf gebracht hat und dieses dann zu Verhaltensstörungen bei den Konsumenten führte. Trotzdem: Hygienisiertes, keimfrei verpacktes Wildfleisch ist schon ein paar Schweißtropfen wert. Kommt hinzu, dass mit Form 14 der enge Kontakt zu unserer Kundschaft gefördert wird. Kürzlich klingelte es an meiner Haustüre. Ein Mann, Mitte Fünfzig, stand da: „Ramseier Timo us Langnou", stellte er sich vor und schwenkte ein Blatt Papier vor meiner Nase. „Siit ihr de Ebner?" Bevor ich antworten konnte stand er schon in der guten Stube. Vor zwei Wochen habe er beim Großverteiler Rehpfeffer „Aus der Region. Für die Region." gekauft. Und auf dem Begleitschein Wild stehe meine Adresse. So etwas Feines und Natürliches habe er noch nie gegessen. Den angebotenen Weißwein nahm er dankbar an und nach dem vierten Glas meinte er, es seit jetzt Zeit zum Aufbruch. Seine Frau warte draußen im Auto und genug sei genug. Wer mir jetzt Jägerlatein unterstellt, mag Recht haben. Aber: Es könnte so sein. Und deshalb freue ich mich im Stillen über „Form 14, dreifach". Denn was gibt es Schöneres, als an einem ereignislosen Sonntag mit einem echten Emmentaler über Diana und die Welt schwatzen zu können.

Löwen aussetzen

Unseren Antipoden, den Aussies, ist mitten im medialen Sommerloch der absolute Hype gelungen. Wie ein Lauffeuer verbreitete sich über die ganze Welt die Meldung von der epochalen Erfindung australischer Forscher. Viel Applaus, ein paar neidische „Weshalb-haben-wir-das-nicht-erfunden"-Kommentare sowie ein orchestrierter Aufschrei von ewig gestrigen Natur- und Tierschützern begleitete die Nachricht.

Aber was löste ein derart gewaltiges Echo aus? Im Grunde genommen nichts Bedeutendes. Hauptdarsteller der Geschichte: Eine vier Quadratkilometer kleine, dem australischen Festland vorgelagerte Insel namens Pelorus, ein paar hundert Ziegen, die sich frisch fröhlich frei meckernd durch die Vegetation der Insel fressen und sich dabei munter vermehren, ein Leuchtturmwärter, der diese Ziegen als lebende Nahrungsquelle gehalten hatte, aber mit dem Verzehren des Ziegenfleisches nicht mehr nachkam, und ein paar Ökologen, denen die seltenen Regenwaldpflanzen wichtiger sind als das Leben der Ziegen.

Und so kam es, wie es kommen musste: Den Ziegen ging es an den Kragen. Zuerst machte sich ein im Kampf gegen Kängurus und andere Störenfriede erprobtes Erschießungskommando auf den Weg zur Insel, um den Ziegen mit Pulver und Blei den Garaus zu machen. Sie wurden jedoch auf dem falschen Fuß erwischt und hatten die Rechnung ohne die üppige Vegetation, die Schlauheit der Tiere und deren Vermehrungsfreudigkeit gemacht. Offenbar sahen die Ranger nur grün, hörten da und dort mal ein Meckern und mussten unverrichteter Dinge wieder abziehen, ohne eine einzige Geiß zur Strecke gebracht zu haben. Aber wir Menschen lassen uns als Krönung der Schöpfung von der Natur nicht unterkriegen, sondern legen mit Hilfe unseres Erfindergeistes stets noch einen Zacken zu. So auch die Wildtier-Ökologen der Universität von Queensland. Die Lösung des Problems, beziehungsweise das Ei des Kolumbus: Vier Dingos, australische Wildhunde, sollen ausgesetzt werden, um den Ziegen an die Kehle zu gehen. Damit die Dingos nach getaner Arbeit nicht selber zum Problem werden, kastriert man sie vor dem Aussetzen und versieht sie mit GPS-Sendern. Und jetzt kommt die ultimative Erfindung: Den Hunden werden zusätzlich noch Giftampullen implantiert, die nach zwei Jahren als eine Art Zeitbomben losgehen werden, sobald gemäß Planung die letzte Ziege ihr Leben ausgehaucht hat. Wahrlich

© Martin Ebner

Löwen wären effiziente Schwarzwildjäger!

richtige Tierfreunde, diese Aussies. Nicht einmal Dingos lassen sie verhungern. Und so vermeldeten die Medien in allen Sprachen, von Englisch „Dingos should kill Goats", über Russisch „Динго должны убивать козы" bis Deutsch „Dingos sollen Ziegen töten" den heroischen Kampf der Australier gegen die Ziegen.

Was können wir Westeuropäer aus dieser Geschichte lernen? Innovativ muss man sein, um Probleme mit Wildtieren effizient zu lösen. Und ohne Skrupel. Oder konkreter: Wenn wir die Probleme rund um unsere Schwarzwildschäden nachhaltig lösen wollen, helfen nicht veraltete und von den Polentagrapschern bereits verinnerlichte Mittel wie Kirrungen und Nachtsichtzielgeräte. Die Schwarzkittel grunzen uns ja nur aus, wenn wir nach kräuselndem Wind resigniert die Kanzel verlassen, nach dem zehnten erfolglosen Ansitz die Büchse ins Korn werfen oder nach Hunderten von Kilometern erfolgloser „Gummipirsch" zerknirscht die hohe Benzinrechnung bezahlen müssen. Nein, da müssen effizientere Methoden her. Nehmen wir uns die Aussies als Vorbild und setzen zwar nicht Dingos aus – die würden von unseren Sauen ja nur unsanft durch die Luft gewirbelt – sondern Löwen aus dem südlichen Afrika. Die jagen dort Warzenschweine und sind deshalb sauenerprobt. Selbstverständlich sind auch den kastrierten Löwen Zeitbomben zu implantieren. Aber mit einer Zeitschaltuhr, die erst nach vier, fünf Jahren abläuft. Denn Wildsauen sind keine Ziegen, und deshalb wird es schwierig werden, ein Gebiet schwarzwildrein zu machen. Zwar ist bei einer solchen Aktion damit zu rechnen, dass einige Zweibeiner, insbesondere alte und gebrechliche, den Löwen in den Fang geraten. Das hat für uns Jäger jedoch den Vorteil, dass die Wälder wieder den Wildtieren und uns gehören. Und nicht zuletzt werden die Sozialpolitiker aufatmen, denn ohne das Rentenalter erhöhen zu müssen, wird durch das Aussetzen von Löwen auch das Problem der leeren Rentenkassen gelöst. So einfach ist das!

Vom Affen gebissen

„Sind Sie eigentlich vom Aff bisse?“, entgegnete Alt-Nationalrat Christoph Mörgeli im März 2013 in der Rundschau des Schweizer Fernsehens dem Fernsehmoderator. Was so viel heißen will wie „ich bin doch nicht blöd“. Der Journalist hatte ihm vorgehalten, Medizindoktoranden zu einfach zum akademischen Doktorgrad verholfen zu haben und deshalb gefragt, ob Mörgeli nun aus dem Nationalrat zurücktreten werde. Zweieinhalb Jahre später wurde Mörgeli zwar nicht vom Affen gebissen, jedoch vom Zürcher Stimmvolk. Das Resultat war das gleiche: Mörgelis Nationalratskarriere wurde zur Strecke gelegt.

Wortwörtlich von einem Affen gebissen wurde der Stromerzeuger KenGen in Nairobi. Ein Affenjüngling turnte auf dem Dach des größten Kraftwerkes in Kenia herum, stürzte mit weit geöffnetem Fang in die Tiefe, landete auf einem Transformator und löste eine landesweite Strompanne aus. Was zur Folge hatte, dass während mehreren Stunden in ganz Kenia kein Strom mehr floss. Der Kraftwerkbetreiber zeigte sich trotz großem Schaden und Ärger generös. Das Äffchen wurde nicht etwa geteert und gefedert, sondern der Naturschutzbehörde übergeben, die es mit Hilfe eines Affenflüsterers wieder auf den richtigen Weg bringen sollte, damit es künftig solche Kamikaze-Einsätze vermeide.

Auch vom Affen gebissen scheinen die Politiker rund um das seit Jahren fast nur Ärger verbreitende Bahnhof-Großprojekt Stuttgart 21 zu sein. Zwar nur bildlich, denn kein Affe wird sich tief hinab in die Baugrube wagen, wohin sich vielleicht mal ein CDU-Politiker oder ein Vertreter der Deutschen Bahn verirrt, um diesen dort unten die Leviten zu lesen oder gar die Zähne zu zeigen. Vielmehr hat es bei diesem skandalträchtigen Projekt einen weiteren Betriebsunfall gegeben, wurde doch bei der geplanten Bahntrasse eine Population von rund 10.000 Eidechsen entdeckt. Diese dürfen natürlich nicht einfach mit Schotter zugedeckt werden, sondern man muss sie in ein passendes und umzäuntes Gelände umsiedeln, was die Kleinigkeit von 8.600 Euro pro Eidechse kosten soll. Rechne!

Zurück in die Schweiz: Wenn im Kanton Bern eine Ricke beim Äsen stolpert, deshalb den Gümligeberg hinunterkollert, im Tal unten in einen Bach fällt und sich dabei beide Vorderläufe bricht, hat sie die Rechnung ohne Regierungsrat Rickenbacher gemacht. Denn sie muss, weil gemäß Rickenbacher das Bundesrecht es „glasklar" so vorschreibt, auf den erlösenden Fangschuss warten, bis eine Polizeipatrouille eintrifft. Da hilft auch nichts, dass unten am Bach gerade der alte Ramseier, Landwirt und seit fünfzig Jahren Patentjäger, am Grasen ist und auf dem Wagen seine stets geladene Flinte mitführt. Ganz nach dem Motto: Die Axt im Haus erspart den Zimmermann, oder frei übersetzt, eine Rehgeiß in der Gefriertruhe erspart den Gang zum Metzger. Denn niemand außer der Polizei ist dazu berechtigt, außerhalb der Jagdzeit ein verunfalltes Wildtier zu töten. Und so muss die Rehgeiß wohl oder übel auf die Polizei warten. Die aber hat im nahen Muri bei einem Drogenabhängigen eben ein Gramm Haschisch beschlagnahmt und ist damit beschäftigt, einen Rapport zu erstellen, was aber dauert, denn der Junkie ist total verladen. Und so wartet und wartet die Geiß, bis sich der alte Ramseier ihrer erbarmt und sie mit einem Weidezaunpfahl totschlägt. Das wird ihn zwar ein paar Tausender und das Jagdpatent kosten, aber der Alte kann weiterhin, wie er später seinen Kollegen am Stammtisch kundtut, „am Morge my Gring mit guetem Gwüsse im Spiegel aaluege" (am Morgen meinen Kopf mit gutem Gewissen im Spiegel anschauen). Dennoch stellt sich die Frage, wer da vom Affen gebissen wurde: Der alte Ramseier mit seinem entschlossenen Handeln oder Regierungsrat Rickenbacher als Gralshüter des Gesetzes?

Trotz reinstem Jägerlatein ist diese Geschichte nicht ganz frei erfunden. Denn vor einiger Zeit musste im Kanton Bern ein angefahrenes Reh etwa eine halbe Stunde lang auf den erlösenden Fangschuss warten, obschon ein Jäger an der Unfallstelle anwesend war, die Polizei aber nicht. Deshalb migrieren seither massenweise Reh-, Rot- und Schwarzwild vom Kanton Bern nach Norden in den Kanton Thurgau. Denn dort dürfen die Revierpächter jederzeit verletzte, jagdbare Wildtiere töten und damit tierschutzgerecht handeln. Damit ist auch klar, wer vom Affen gebissen wurde. Die Thurgauer Regierung ganz sicher nicht.

Von diesem Affen möchte man nicht gebissen werden.

Streifschüsse zu Weihnachten

Gerade rechtzeitig zu Weihnachten hat uns der Schweizer Tierschutz (STS) ein Paket zum Thema „Streifschüsse und Nachsuchen“ unter den Weihnachtsbaum gelegt. Schön verpackt, aber mit einer veritablen Sprengkraft. Anders ist das heftige Lautgeben von Jägerseite nicht zu erklären. Und so kommt es, wie es kommen musste: In einer Zeit der Besinnung und der Stillen Nacht, Heiligen Nacht krähen und gackern die Streithähne und -hennen derart lautstark durch die Lande, dass nicht nur die Federn fliegen, sondern vor lauter Pulverdampf die klare Sicht auf die Dinge verloren geht. Sodass die Zuschauer in der Arena leicht vergessen, dass die Protagonisten nur das tun, was ihre zahlenden Verbandsmitglieder für ihr gutes Geld erwarten: Totaler Einsatz für ihre Sache, und das bis zur Selbstverleugnung. Aus dieser totalen Krise hilft nur noch meine „In-drei-Schritten-zum-Erfolg-Paartherapie“.

Erster Schritt, *„Take it easy“*: Ja, lieber Hanspeter Egli von JagdSchweiz, liebe Sara Wehrli, vom STS, schnallt ab, fahrt euren Blutdruck herunter. Nehmt euch beide bei der Hand, geht zur nächsten Apotheke und kauft dort eine Kurpackung Baldrian. Dreimal zehn Tropfen täglich wirken Wunder und legen die Basis für den zweiten Schritt.

Zweiter Schritt, *„Der Weg ist das Ziel“*: Zum Sammeln von Infos geht es zusammen auf eine Tour de Suisse. Zuerst ein paar Zahlen: Bei einem großen Poulet-Verarbeiter werden in drei Arbeitstagen so viele Hühner ihren Kopf los, wie im ganzen Jahr Wildtiere von Schweizer Jägern zur Strecke gebracht werden, etwa 100.000. Und pro Jahr werden in der Schweiz rund 65 Millionen Nutztiere geschlachtet. Wenn 1,5 Promille davon kein tiergerechtes Leben und keinen Tod ohne Angst und Qualen hatten – zu Recht eine Forderung des

STS – dann sind das wiederum so viele, wie Jäger jedes Jahr Wildtiere erlegen, die meisten davon mit einem tödlichen Blattschuss. Nach den vielen Zahlen geht es hinaus ins reale Leben von Jagd und Naturschutz: Schweißhundeführer berichten über Blatt-, Streif- sowie

Weihnachtsbescherung vom Schweizer Tierschutz

Fehlschüsse und deren Folgen. Die Besitzer kastrierter Katzen erzählen, dass diese nicht kuscheliger geworden sind, sondern nach wie vor Vögeln nachstellen. Und ein großer Wildverarbeiter zeigt anhand einiger deckenloser Rehe die unterschiedliche Wirkung von Kugel- und Schrotschüssen auf die Qualität des Wildbrets. Gleichzeitig reißen drei „Spanien-Hunde" draußen auf dem Felde gerade ein Reh. Deren Besitzerin wird am nächsten Tag zur Beruhigung ihres Gewissens dem Tierschutzverein „Olé" 100 Franken überweisen. Jetzt ist es höchste Zeit für eine Kaffeepause und einen Blick auf die Webseite der Jagd- und Fischereiverwalter-Konferenz. Dieser zeigt, dass per Ende 2016 von 26 Kantonen deren acht immer noch keinen obligatorischen Treffsicherheitsnachweis verlangen.

Jetzt wird es bei unserer Paartherapie Zeit für den dritten Schritt: *„Liebe deinen Nächsten wie dich selbst"*. Mit Wasser und Brot geht es zur Konklave in eine Jagdhütte. Diese ist schön paritätisch eingerichtet: Rechts hängen Jagdtrophäen – mittendrin die Aussage des Jagdphilosophen Ortega y Gasset „Ich jage nicht, um zu töten, ich töte, um gejagt zu haben – und links Bilder von kastrierten Katzen, welche Arthur Schoppenhauers Spruch „Wer gegen Tiere grausam ist, kann kein guter Mensch sein" einrahmen. Die ersten paar Tage werden grässlich sein: Schweigen, trotzen und halluzinative Träume. Mann träumt von Eichenfässern mit bestem Rotwein und Frau von würzigem Kamillentee. Doch dann die Erlösung samt Beweis, wie wichtig auch nach Zehntausenden Jahren der Evolution eine archaische Ader bzw. Nase ist: Egli wittert Rebensaft, mit tiefer Nase folgt er dem verführerischen Duft, findet den versteckten Keller, auch zwei Becher sind rasch aufgetrieben, und schon tönt es durch die Hütte: Ich bin de Hampi, ich bin d'Sara. Anstoßen, aber kein Küsschen links und rechts, Gott bewahre, wir sind ja in einer Konklave, aber subito der Entscheid: Von den ersten 16 Seiten der STS „Weihnachtsbombe" gibt es einen Sonderdruck „Grundwissen für alle Schweizer Jäger". Der STS finanziert, JagdSchweiz verschickt. Und dann steigt weißer Rauch aus dem Kamin, und kurze Zeit später gehts zum Festschmaus. Wildschweinbraten und Tofuschnitzel, Rotkraut und rohe Karotten werden serviert. Es wird angestoßen, es werden Reden gehalten. Und immer wieder wird betont: *„Me mues halt rede mitenand"* (Man muss eben miteinander reden) und *„Jeger und Tierschützer sind au nur Mänsche"* (Jäger und Tierschützer sind auch nur Menschen). Diana und andere Götter wird's freuen.

Die guten alten Zeiten

Treffen sich ein paar Männer der Generation 70+ zu einem Glas Wein oder Bier am Stammtisch im Hirschen, kommen sie meist, eher früher als später, auf „die guten alten Zeiten" zu sprechen. Zeiten, in denen der Wein nur die Hälfte des Preises von heute kostete und Männer noch Männer und keine Warmduscher waren. Ist die fröhliche, manchmal auch schwerhörige Runde sogar an hohen Feiertagen in grüne Klamotten gewandet, ist nicht etwa Fasnacht oder Fasching angesagt. Vielmehr sind das wackere Weidmänner, die zwar ebenfalls ein, zwei Gläser Wein oder ein Weizen trinken, nicht aber über deren Preise lamentieren, sondern sich in den Erinnerungen an frühere, angeblich jagdlich noch paradiesische Zustände suhlen. Die Strecken seien bunter gewesen, Jagd und Jäger noch anerkannt wie im Dorf der Herr Lehrer und der Herr Pfarrer, die Jagdvorschriften hätten auf einem A4-Blatt Platz gehabt, und überhaupt.

Erinnerungen sind flüchtig

Ja, war das wirklich so? Oder hat Diana ganz einfach den Mantel des Vergessens über all unsere, auch negativen, Erinnerungen ausgebreitet? Machen wir uns deshalb auf die Pirsch nach diesen guten alten Zeiten und bringen etwas Licht in die Vergangenheit. Keine Angst, wir beginnen nicht bei den Steinzeitjägern oder noch früher, als allerlei Großwild, von den Dinos über die Höhlenbären bis zu den Säbelzahntigern nicht nur für reiche und die ganze Sippe ernährende Beute sorgte, sondern auch diesen oder jenen wackeren Jäger in die ewigen Jagdgründe beförderte. Wir starten mit unseren Recherchen auch nicht im 16. Jahrhundert, in dem es gemäß den Bildern und Beschreibungen des Zürcher Pfarrers Jodok Oesenbry rund um die Stadt Zürich noch derart viele Rebhühner, Schnepfen, Wachteln, Feldlerchen und Haselhühner gab, dass er ein umfassendes Buch über deren Fang

Für Rebhühner wird es eng.

mit verschiedensten Jagdgeräten herausgab. Sondern wir nehmen einen überblickbaren Zeitraum von sechzig, siebzig Jahren, also eine Zeitspanne, die ein erfülltes Jägerleben abdecken kann, und schauen, was sich in dieser Zeit so alles geändert hat oder auch nicht.

Statistiken lügen meistens nicht

Wenden wir uns zuerst dem Hauptzweck jagdlichen Handelns zu, dem Beutemachen. Wir üben ja unser Handwerk nicht nur aus, um die Natur zu genießen, überfahrene Wildtiere auf den Straßen zusammenzulesen oder in den Schulen und an Dorfmärkten für unsere Sache zu werben. Nein, im Vordergrund standen schon immer und stehen auch heute noch unser Bestreben und unsere Passion, Wildtieren nachzustellen, um diese erbeuten zu können. Deshalb nehmen wir zuerst einmal die Abschussstatistiken aus Deutschland, Österreich und der Schweiz unter die Lupe. Genauer, wir schauen, wie sich die Abschusszahlen von Rehwild, unserer wichtigsten jagdbaren Wildart, in den vergangenen Jahrzehnten entwickelt haben. Und diese offenbaren Erstaunliches: Noch nie wurden in den drei Ländern so viele Rehe erlegt wie in den letzten Jahren. Also nichts von „guten alten Zeiten", im Gegenteil, der Rehwildjäger lebt heute im Paradies, hat sich doch seine Strecke in den letzten 80 Jahren verdoppelt bis verdreifacht.

Gleiches gilt für das Schwarzwild. Musste man mancherorts die Wildschweine vor 80 Jahren noch wie eine Stecknadel im Heuhaufen suchen – in Deutschland wurden im Jahr 1936 rund 37.000 erlegt, 2017 deren 837.000 – spricht man heute von einer Wildschweinschwemme. Kein Wunder, dass damals das ganze Dorf zusammenlief, wenn so ein Schwarzkittel zur Strecke kam.

Stolze Wildsauen-Schützen um 1923

Doch das Niederwild leidet …

Jetzt kommen wir zur Kehrseite unserer Strecken-Medaille, dem Niederwild, im Speziellen dem Feldhasen, der eine mehr als dramatische Entwicklung hinter sich hat. Hier ist das Klagen der „grün-grauen Panther" berechtigt, und die Aussage von den guten alten Zeiten trifft voll ins Schwarze, ein Blattschuss sozusagen. Wenn früher um Ostern Häsinnen und Rammler ihre hohe Zeit hatten, so ist es heute still auf den Feldfluren. Keine Prügeleien und kein Hakenschlagen mehr auf unseren Äckern und Wiesen. In den Verkaufsgestellen der Großverteiler und Bäckereien gibt es inzwischen mehr Schokoladehasen als Mümmelmänner draußen in der Natur. Selbst in ehemals exzellenten Hasengebieten ist es vielfach hasenstille geworden. Natürlich hoppeln immer noch ein paar Feldhasen durch unsere Reviere, und da und dort putzt sich am frühen Morgen ein alter Rammler seine taufeuchten Schnurrbarthaare trocken. Aber das sind im Vergleich zu früheren, goldenen Hasenzeiten nur noch letzte Relikte. Die Zahlen sprechen eine deutliche Sprache: Wurden in Deutschland im Jahr 1937 noch rund 3 Millionen Feldhasen erlegt, waren es 2017 nur noch klägliche 185.000 Tiere (in Österreich 94.000, in der Schweiz 1.700), das sind noch 6,2 % von damals. Noch dramatischer bergab ging es mit den Rebhuhnstrecken: In Deutschland von 2 Millionen auf 1.900 Vögel, und in der Schweiz ist dieser wunderschöne Vogel ausgestorben. Nicht etwa wegen der Jagd, denn seit Jahrzehnten war das Rebhuhn geschützt, und trotzdem konnte es nicht überleben. Massive Lebensraumverluste im Allgemeinen, die Entwicklung zur intensiven Landwirtschaft im Speziellen und zahlreiche Prädatoren sind der Kulturflüchter Tod.

Fazit: In Feld und Wald ist es in den letzten Jahrzehnten enger geworden. Immer mehr Menschen drängen in ihrer Freizeit hinaus in die Natur. Damit werden Wanderer, Schneeschuhläufer, Biker, Geocacher, Reiter und weitere Naturnutzer zu Lebensraum-Konkurrenten von Wildtieren und Jägern. Aber das Erstaunliche an dieser Entwicklung ist – und damit kommen wir wieder an den Anfang unserer Betrachtungen zurück – die für uns wichtigsten jagdlich nutzbaren Wildarten, das Schalenwild vom Rothirsch über das Rehwild bis zu den Wildschweinen hat darunter nicht gelitten. Im Gegenteil: Es konnte sich auf hohem Niveau etablieren, so dass es uns Jägern immer noch möglich ist, nicht nur bunte Strecken zu erzielen, sondern unsere Gefriertruhen jedes Jahr mit frischem und hervorragendem Bio-Wildfleisch zu füllen.

Die Jagd ist heute überreguliert

Das ist die Meinung vieler älterer Jäger. Habe man in der Mitte des letzten Jahrhunderts einfach seinen Obolus in Form eines Jagdpachtzinses oder einer Patentgebühr an den Staat abliefern müssen und dann „freien Pirschgang" gehabt, sei heute alles bis ins Detail geregelt. Umfassende Schonzeitenregelungen, Vorgaben zu Waffe und Munition, verschärftes Waffenrecht, Treffsicherheitsnachweis, immer mehr geschützte Arten und weitere „Nadelstiche" gegen Jagd und Jäger würden dazu führen, dass man auf der Jagd vor dem Krümmen des Zeigefingers stets noch die entsprechenden Gesetze und Erlasse konsultieren müsse, um nicht wegen eines falschen Abschusses eine

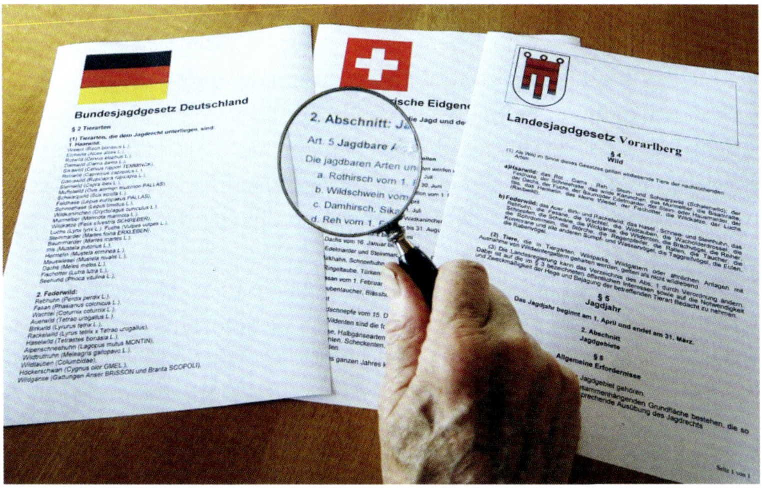

Auch Jäger müssen sich im Gesetzesdschungel zurechtfinden.

Ordnungsbuße oder Gröberes zu riskieren. In solchen Aussagen schwingt natürlich etwas Jägerlatein mit, doch ist es eine Tatsache, dass mit jeder Gesetzes- und Verordnungsrevision der letzten siebzig Jahre, und davon gibt es einige, die Vorschriften nicht weniger, sondern mehr wurden. Das ist aber weiter auch nicht verwunderlich, müssen sich Politiker und Beamte doch beschäftigen, um ihren Status aufrechtzuerhalten. Aus deren Arbeit resultieren dann eben neue Gesetze und Bestimmungen für die Jagd – die je nach Sichtweise – das Leben von uns Weidmännern und -frauen schwer machen oder in „geordnete" Bahnen lenken. Tatsache ist, das wir uns damit wohl oder übel arrangieren müssen, denn die Jagd dient heute nicht mehr wie vor 10.000 Jahren der Existenzsicherung, sondern ist zu einer mit viel Passion und Emotionen verbundenen Freizeitbeschäftigung geworden, welche in der „Freizeitarena Feld-Wald" ausgeübt wird, die wir mit zahlreichen anderen Naturnutzern teilen müssen. Und, seien wir ehrlich: Wenn in der zweiten Hälfte des 19. Jahrhunderts im Rahmen der ersten umfassenden Jagdgesetze zur Volksjagd nicht ein umfassender Muttertierschutz eingeführt worden wäre, gäbe es heute kein Schalenwild – und auch keine Jäger – mehr. Und wären Tellereisen, der Abschuss von Adlern, Bären, Wölfen und Luchsen nicht verboten worden, müssten wir uns heute zwar nicht mit unseren neuen und jagdlich erfolgreichen Kontrahenten auseinandersetzen, die Artenvielfalt wäre aber um einiges ärmer.

Von der Gesetzesflut sind jedoch nicht nur wir Jäger betroffen, sondern unsere ganze Gesellschaft. Das Zusammenleben ist komplexer geworden, die Tendenz, Grenzen zu überschreiten, nimmt zu. Also muss der Staat uns durch Gesetze und Verordnungen schützen. Meinen jedenfalls unsere Politiker und übertreffen sich von links bis rechts in der kreativen Gestaltung neuer Gebote und Verbote. Das war aber schon immer so: Zu Beginn des 20. Jahrhunderts mussten Pferdefuhrwerke per Gesetz vor den ersten Automobilen geschützt werden, später wir Menschen vor den Autos. Und: Dank Tierschutzgesetzen pflegen wir heute einen ganz anderen Umgang mit Haus-, Nutz- und Wildtieren.

Von Nützlingen und Schädlingen

Die heutigen Jagdgesetze machen in Mitteleuropa klare Vorgaben zum Schutz von Wildtieren vor der Übernutzung oder vor der Verfolgung durch uns Menschen. Denn wir sind nur allzu schnell bereit, Tiere in nützliche und schädliche Arten einzuteilen und Letztere mit allen Mitteln zu bekämpfen. Es sind noch keine 150 Jahre her, das neue Schweizerische Jagdgesetz von 1875 stand im Parlament zur Beratung, dass Rot-, Reh- und Steinwild in der Schweiz praktisch ausgestorben sei und Gämsen nur noch in Kleinstbeständen ihre Fährte zogen. Der damaligen Berichterstattung ist zu entnehmen, dass die Nützlichkeit und Schädlichkeit der einzelnen Arten, vor allem bei den Vögeln, sich wie ein roter Faden durch die parlamentarische Beratung zog: Ist beispielsweise der Storch nun „ein gefräßiger Räu-

© Gutierrez/ Shutterstock

Bartgeier galten vor 100 Jahren als „gefrässige Räuber" und wurden gnadenlos verfolgt.

ber, der kleine Vögel und Fische bitter verfolgt" oder „ein nützlicher Vogel, weil er auch Schlangen frisst"? Über Bär, Wolf, Luchs, Otter, Adler und Bartgeier, die alle ebenfalls akut bedroht waren, wurde gar nicht diskutiert. Sie wurden damals als gefährliche Raubtiere und als Konkurrenten des Jägers gesehen. Ihr Schutz wäre geradezu als gesetzeswidrig empfunden worden. Aber: Das erste Jagdgesetz von 1875 erfüllte seinen Zweck. Die Gämse breitete sich wieder aus. Der Hirsch kehrte aus Österreich und das Reh aus Süddeutschland in die Schweiz zurück.

Interessant ist in diesem Zusammenhang ein anderes Beispiel aus der Schweiz, nämlich die Begründung des Bundesrates zur notwendigen Revision des Jagdgesetzes im Jahr 1962. So schrieb er in seiner Botschaft an die „Hochgeehrten Herren“ des Parlamentes u. a.: *„Jagdgesetz und Jäger sind mehr denn je eine Notwendigkeit und die einzigen Mittel zur bestmöglichen Regulierung eines schon nicht mehr natürlich zusammengesetzten Wildbestandes in unserer stark besiedelten und intensiv genutzten Landschaft.“* Und weiter: *„Der stetig zunehmende Schaden, den das Wild, hauptsächlich Reh und Hirsch, in Feld und Wald verursacht und der den kantonalen Forstverwaltungen immer mehr Sorge bereitet, ist ein gewichtiges Argument für die Gesetzesrevision.“* Man lese und staune, denn 1968 – aus früheren Jahren liegen keine Zahlen vor – betrugen die geschätzten Bestände an Rot- und Rehwild nur etwa zwei Drittel und die Abschusszahlen dieser beiden Schalenwildarten 55 % jener von heute. Trotzdem hatte der Forst bereits damals Grund zur Klage und klagt auch heute noch. Der Wald ist zwar in seiner Existenz nach wie vor nicht bedroht, aber einzelne Baumarten drohen unter dem Einfluss von Borkenkäfer, Pilzen und Klimawandel zu verschwinden.

Aber auch der Umgang mit ehemals sogenannten „schadenstiftenden“ Tieren fand im Jagdgesetz von 1962 eine andere Gewichtung. So wurde der Tannenhäher von der Liste der jagdbaren Tiere gestrichen, weil *„er für die Ausbreitung der Arve im Gebirge sehr nützlich ist“* und ebenfalls Habicht und Sperber, weil *„diese zur Verminderung der Krähen- bzw. Spatzenplage eine wichtige Rolle im Haushalte der Natur spielen“*. Heute können wir feststellen, dass die „Krähenplage“ trotz Habicht, Sperber und Blei immer noch akut ist, und dass die Spatzen geschützt sind.

Tempi passati

Zum Thema Jagdgesetz passt eine Geschichte aus den Fünfzigerjahren. Mein Vater und ich fuhren von der Jagd im Schwarzwald zurück nach Hause. Es war Nacht, und kurz vor unserem Wohnort standen am Straßenrand ein paar Autos und Menschen. Mein Vater hielt an, stieg aus und schon wurde ihm zugerufen: „Sind Sie Jäger?“ Am Straßenrand lag ein Reh, das Haupt oben, also lebte es noch. Mein Vater griff zur Bockbüchsflinte, die wie immer offen auf dem Rücksitz lag, nahm eine Schrotpatrone aus der Lodenjackentasche und päng, dem Leiden war ein Ende bereitet. Ein mehrstimmiges „Danke“ schallte uns nach und schon fuhren wir weiter. Tempi passati. Das gäbe heute einen veritablen Shitstorm im Internet samt Videobeweisen der begangenen „Untat“. Dazu eine Verzeigung wegen grob fahrlässigem Einsatz einer Schusswaffe, Gefährdung von Menschenleben und Verstoß gegen das Jagdgesetz.

Eine weitere Geschichte, wie sich Gesetz und Zeitgeist in den letzten Jahrzehnten geändert haben: Noch Ende der Sechzigerjahre war es problemlos möglich, mit Jagdwaffen und Munition ins Ausland zu fliegen. Ich erinnere mich, wie wir – auf unserem Flug zur Schwarzwilddrückjagd nach Kroatien mit der Waffe und Munition im Lederfutteral – über das Rollfeld zum Flugzeug gingen, dort von der Crew freundlich empfangen wurden und der Pilot unsere Gewehre in seiner Kabine verstaute. Nach der Landung händigte er uns diese ebenso freundlich wieder aus, verbunden mit einem aufrichtigen Weidmannsheil. Heute benötigen wir für eine Jagd außerhalb unseres Landes neben dem Jagdschein noch eine Einladung sowie den Europäischen Feuerwaffenpass. Dazu müssen Gewehr und Munition getrennt und zugriffssicher mitgeführt werden, das heißt, die Waffe muss ohne Munition in einem festen, verschlossenen Koffer verpackt sein.

Fazit: Unsere Nostalgiker-Stammtischrunde darf, Jagd- und Waffengesetz betreffend, durchaus von den guten alten Zeiten schwärmen. Aber: Betreffend Artenvielfalt würde heute ohne unsere modernen Jagdgesetze – vor allem bei den Säugetieren – einiges im Argen liegen.

Vom Wildbret …

Einen großen Wandel hat der Umgang mit erlegten Wildtieren durchgemacht. In den Sechzigerjahren war es noch üblich, dem Anfang August erlegten Brunftbock das Haupt abzuschärfen, dem Träger einen Plastiksack überzustreifen, das ganze Tier zu einem Paket zu verschränken und beim nächsten Bahnhof per Express einem Wildverarbeiter anzuliefern. Und das bei lebhaftem Fliegenflug. Unfalltiere, die nachts samt geplatztem Pansen durchaus ein paar Stunden am Straßenrand gelegen haben könnten, wurden ohne Bedenken zu feinstem Pfeffer verarbeitet. Der nach Meinung der damaligen Spitzenköche bei Wildfleisch wichtige Hautgout (das heißt der süßliche, strenge und intensive Geschmack – um nicht zu sagen „Verwesungsgeruch" – von überlang oder zu warm abgehangenem Wild) war damit vorprogrammiert. Alle, Jäger, Wildverwerter, Köche und nicht zuletzt auch die Konsumenten waren zufrieden. Heute wird das erlegte Wild möglichst umgehend der Kühlung zugeführt, und Unfalltiere dürfen nicht mehr in den Handel gebracht werden. Jägerinnen und Jäger werden an Weiterbildungskursen zu sachkundigen Personen ausgebildet, damit sie bei jedem erlegten Stück Schalenwild mit Unterschrift bezeugen können, dass dieses vor dem Erlegen nicht verhaltensgestört im Wald herumgelaufen ist und der Tierkörper und die Eingeweide keine Merkmale aufwiesen, welche darauf schließen würden, dass das Fleisch für die menschliche Gesundheit bedenklich sein könnte. Alles in allem – außer der Bürokratie – eine sehr positive, für den Absatz von feinstem Wildfleisch und dem Ansehen von uns Jägern nur förderliche Entwicklung.

… zum Haar in der Suppe

Wenden wir uns der technischen Entwicklung unserer jagdlichen Hilfsmittel zu. Hier haben sich im doch eher konservativen und bewahrenden Umfeld von Jagd und Jägern die größten Veränderungen vollzogen. In den Fünfziger- und Sechzigerjahren bestand die Ausrüstung meist aus einer Repetierbüchse mit 4-fach Zielfernrohr, einer Flinte, einem Feldstecher 8x30 von Kern oder, wenn der Geldbeutel gut gefüllt war, von Zeiss. Dazu Klamotten aus Loden. Wer es günstig haben wollte, kaufte ein Kern-Fernglas Pizar 6x24 für 96 Franken, *„ein schweizerisches Qualitätsglas in niederer Preislage für jedermann, inkl. Lederetui und Halsriemen"*, so die Werbung. Wer mehr ausgeben konnte, erwarb ab 1968 ein Zeiss Dialyt 10x40, das bereits ausgezeichnete optische Werte aufwies. Generell waren die Sechziger- und Siebzigerjahre die Jahrzehnte der Feldstecher. In jeder Illustrierten wurde „Adlerauge Optik“ angepriesen, mit der man angeblich das blonde Haar der Nachbarin sogar in deren Suppe sah. Die Enttäuschung nach dem Kauf war meist groß. Denn man sah weder das blonde Haar, wahrscheinlich nicht einmal die Nachbarin, sondern unscharfe Bilder, und nach den ersten Regentropfen auf die Optik musste der Feldstecher im Backofen getrocknet werden.

Heute ist rundum Hightech angesagt. Die Vielfalt ist bei der Optik und den Waffen samt Munition wesentlich größer geworden und damit der Überblick über das Angebot auch schwieriger. Vom günstigen Einsteigergewehr bis zur Luxuswaffe im Semi-Magnum Kaliber, mit edlem Lochschaft aus Nussbaumholz und tief gestochener Gravur auf dem Systemkasten ist für jeden Geldbeutel und Geschmack etwas zu haben. Feldstecher und Zielfernrohre zeichnen randscharfe, helle und klare Bilder, die Lichtdurchlässigkeit hat aufgrund der verwendeten Gläser und deren Bearbeitung innerhalb von vierzig Jahren von 80 auf um die 95 zugenommen. Und waren in den Sechzigerjahren 4-fach Zielfernrohre noch Standard, verfügen heutige Hightech-Zielfernrohre ein 8-fach-Zoom über einen Bereich von beispielsweise 2 – 16x50. Damit sieht man dann tatsächlich jedes einzelne Haar auf der Decke des Wildes. Das ist zwar im jagdlichen Alltag nicht unbedingt der große Fortschritt, im Gegensatz zum Rotpunkt-Absehen, das besonders nachts an der Schwarzwild Kirrung oder beim Fuchsansitz eine äußerst präzise und damit tierschutzgerechte Schussabgabe ermöglicht. Und nicht zuletzt hat sich auch unsere Bekleidung massiv verändert: Kein Regenansitz ohne Hut, Jacke sowie Hose mit wasserdichter Membrane. Und wer sich vor lieben Mitmenschen und dem Wild unsichtbar machen will, kleidet sich in jahreszeitgerechte Camouflage.

Fazit: Unsere Nostalgie-Weidmänner liegen bei der Ausrüstung mit ihren Erinnerungen an die guten alten Zeiten voll daneben. Wohl keiner von ihnen wird noch mit Optik und Kleidung aus den Sechzigerjahren auf die Pirsch gehen. So sind beheizbare Socken beim Winteransitz auf Fuchs und Sau gerade im Alter eine Wohltat.

Die Geschichten vom bösen, lieben Wolf …

Zum Abschluss unseres Pirschgangs durch „die guten alten Zeiten“ wenden wir uns noch den Medien und der nichtjagenden Bevölkerung zu. Die von den Jagdverbänden periodisch durchgeführten Umfragen über die Einstellung der Bevölkerung zur Jagd stellen uns Jäger stets ins beste Licht. Mit Prozentzahlen von 70 bis über 80 wird uns attestiert, dass wir uns für die Artenvielfalt und für die Lebensräume unserer Wildtiere einsetzen, dass es die Jagd braucht, um die Wildtierbestände zu regulieren, dass auch die Bestände von Großraubtieren reguliert werden müssen, dass wir nachhaltig jagen und die Jagd tierschutzgerecht stattfindet. Also alles paletti?

Da bin ich mir nicht so sicher. Nehmen wir mal den bösen, mal lieben Wolf als Beispiel. Im Märchen vom Rotkäppchen ist das Raubtier noch böse und der brave Jäger rettet der Großmutter nicht nur das Leben, sondern schickt den Bösewicht ohne Federlesens in die ewigen Jagdgründe. Das war bis weit ins 20. Jahrhundert noch genauso. Über den Abschuss eines Grauhundes im Jahr 1978 auf der Lenzerheide brachte das Schweizer Fernsehen einen über zweiminütigen Bericht. Mit totem Wolf, staunenden Schulkindern und einem Jäger, der bildhaft schildert, wie er den Räuber mit drei Schüssen zur Strecke gebracht hat. Bereits 1990 kippte die Meinung beim Wolf von Hägendorf, ein Musterbeispiel medialen Sinneswandels. Zuerst berichtete die Boulevard Zeitung „Blick“ unter den Schlagzeilen „*Wieder zwei Lämmer zerfleischt*“ und „*Blutspur von toten Schafen*“. Als dann aber die wackeren Hägendorfer Jäger dem „*nächtlichen Morden*“ mit einem gezielten Schuss ein Ende bereiteten, kippte die Stimmung, und der „Blick“ titelte „*Musste das sein?*“, verbunden mit dem Öffnen seiner Leserbriefspalten. Dort gab es dann gehörig Prügel für, nein, nicht den Wolf, sondern die Jäger. Und heute? Da sind die Reaktionen noch heftiger. Ein gewaltiger Aufschrei hallt bei jedem durch das Bundesamt zum Abschuss frei gegebenen Wolf durch das Internet. Und Bergler, Schafzüchter und Jäger werden in die Hölle geschickt.

... und vom armen Fuchs

Ein anderes Beispiel: Am 4. September 2016 brachte die Zeitschrift „20 Minuten“ einen Beitrag unter dem Titel „Hunde sollen mit lebenden Füchsen trainieren“ und startete dazu eine Umfrage „*Was halten Sie davon, dass Hunde mit lebenden Tieren trainiert werden?*“ Innert zwei Tagen antworteten 12.672 Leserinnen und Leser, 86 davon mit „So etwas ist unverständlich für mich“. Allein 3.068 Likes und nur 191 Buhrufe erhielt der „Logiker“ mit seinem Eintrag: „*Ich bin kein militanter Tierschützer, esse Fleisch und sehe ein, dass eine Regulierung der Tier-Population leider nötig ist. Aber dass Tiere als lebende Trainingsköder herhalten sollen, ist einfach krank! Herrgott nochmal, wo bleibt da die Würde des Tieres?*“ Und 2.327 Likes erhielt „Becca“ mit ihrem Ausruf: „*Mir wird schlecht ...*“ Diese Aufzählung könnte beliebig erweitert werden. Wichtiger ist aber, was wir aus diesen Reaktionen lernen können? Solange es um die Jagd und uns Jäger im Allgemeinen geht, um unsere Öffentlichkeitsarbeit in Schulen und Vereinen, um Hegemaßnahmen wie Rehkitzrettung und Heckenpflanzen, werden wir sehr positiv wahrgenommen. Nur Wildtiere töten sollten wir nicht. Vor allem nicht, wenn uns die Öffentlichkeit zuschaut. Wehe dem Jäger, der das eben erlegte Bambi aus dem dunklen Tann zieht, geradeswegs vor eine Klasse von Waldkinderschüler. Oder eine Ente vom Himmel holt, die unglücklicherweise vor die Füße der Frauenriege fällt, die gerade die Natur genießt. Will heißen: Der moderne Mensch isst zwar so viel Fleisch wie noch nie, wenn er aber mit dem toten Wildtier konfrontiert wird, das dieses Fleisch liefert, ist das Ende der Fahnenstange erreicht. Die Diskrepanz zwischen der allgemeinen, wohlwollenden Sicht auf unser Handwerk und jener auf das konkrete Töten eines Wildtieres werden damit augenscheinlich.

Früher der Adler, heute der Wolf

Blättert man durch die Jagdzeitschriften der frühen Sechzigerjahre und somit „der guten alten Zeit“, fühlt man sich mit dem Inhalt sofort vertraut. Denn die Probleme und Fragen, die uns Jäger damals beschäftigten, sind immer noch die gleichen. Da wird über die Verbissproblematik geschrieben, über Gift in der Natur, über wildernde Hunde, über die Gamsblindheit, über das Vereinsgeschehen, es gibt ein Preisrätsel und es wird über die Weidgerechtigkeit debattiert. Dazu ein paar wenige Inserate „Jäger sucht Schmalreh“. Zum Beispiel für eine gemeinsame Jagdreise in die Türkei auf Federwild und Wildschweine mit Anfahrt per Schiff – Reisedauer 18 Tage – ab Venedig oder Genua und inklusive Besichtigung von Athen. Alles inbegriffen für 1.910 Franken, 1. Klasse in Doppelkabine. Dieses Angebot würde man heute als Schnäppchen bezeichnen, die Reise jedoch als viel zu lang. Mehr als drei, vier Tage liegen heute für einen Jagdausflug nicht mehr drin.

Spannend auch die teils hitzig geführte Diskussion über Schaden und Nutzen des Steinadlers. Da kam der Praktiker zu Worte, der schreibt, dass seine *„Äußerungen auf vollständig selbst erfahrenen Tatsachen beruhen“*. Dazu seine rhetorische Frage: *„Was geschieht im Frühling mit den armen Murmeltieren, wenn sie den Bau verlassen?“* Und gleich die Antwort: *„Hunderte werden vom Adler angegriffen, vernichtet und gefressen.“* Weiter: *„Was auf unseren Schafalpen geschieht, ist unbegreiflich. Fast alle Junglämmer werden das Opfer des Adlers.“* Und noch schlimmer: *„Im Urnerland hat ein Adler den Foxterrier des Wildhüters davongetragen.“* Der Chefredakteurr der Zeitschrift beendete die über mehrere Ausgaben gehende Pro-und-Kontra-Diskussion über die Gefährlichkeit des Adlers mit einer Geschichte seines alten Freundes „Braschi“. Dieser sei auf der Gamsjagd gewesen, an einer steilen Wand sei er angesessen. Plötzlich hätte sein Hund aufgejault, wenig später hätte er gesehen, wie der Adler seinen Waldi in den Fängen über die Klüfte getragen habe. Gewehr an die Wange! Schuss! Der Adler sackte in die Tiefe ab – und Waldi sei allein weitergeflogen!

Der Steinadler wurde in der Schweiz erst 1953 gänzlich unter Schutz gestellt.

Sind das nicht alles Geschichten und „Tatsachenberichte“, wie wir sie heute über den Wolf hören? Und die uns zeigen, dass sich rund um die Jagd gar nicht so viel geändert hat. Zwar wird radikaler über Sinn und Zweck der Jagd diskutiert, aber das entspricht dem Zeitgeist und macht auch vor anderen Bereichen wie Landwirtschaft, Schule und Politik nicht Halt. Die Themen ähneln sich stets: War es früher der Adler, ist es jetzt der Wolf, war es einst das Tellereisen, das den Tierschutz bewegte, wird heute die Baujagd thematisiert. Und meist, muss man im Rückblick feststellen, haben sich nicht Jagd und Jäger bewegt, sondern wir wurden in die Enge getrieben, aus der es keinen anderen Weg mehr gab, als nachzugeben. Der Zeitgeist forderte, und wir mussten nachziehen. Wird das auch künftig so sein?

Die Zukunft ist vegan …

Machen wir nach unserem Rückblick in „die guten alten Zeiten“ noch einen Ausblick fünfzig, sechzig Jahre in die Zukunft. Wird dann der Beginn des 21. Jahrhunderts als die gute alte Zeit gelten? Gut möglich. Was aber wird auf uns zukommen? Drei Extreme sind denkbar.

Heute leben gegen 10 % unserer Bevölkerung vegetarisch oder gar vegan, Tendenz steigend, vor allem bei den Frauen. Setzt sich der

Wahlspruch „*Unsere Zukunft ist vegan*“ durch, wird im Jahr 2080 kein Fleisch, auch kein Wildfleisch mehr gegessen. Damit wären auch die Jagd und wir Jäger zur Strecke gelegt. Es wird dann nicht mehr diskutiert, ob industrielle Tierhaltung und Massenschlachtungen oder die Nutzung von Wildtieren tierschutzgerechter sind. Fleisch essen wird kein Thema, sondern nur noch strafbar sein.

... oder gehört dem Metzgermeisterverband ...

Setzt sich dagegen der Wahlspruch der Fleischbranche „*Essen Sie Fleisch, alles andere ist Beilage*“ durch, dann wird auch in fünfzig Jahren immer noch Fleisch gegessen, was aber nicht automatisch bedeutet, dass dies auch Wildfleisch sein wird. Und wenn doch, ist immer noch offen, wer Wildtiere erlegen darf. Der Druck auf die Freizeitjagd und die Forderung nach staatlichen „Abschussorganen“ wird zunehmen. Denn diesen „Beamtenjägern“ wird durch Teile der Bevölkerung und Schutzorganisationen eine bessere und emotionslosere „Joberfüllung“ zugetraut als uns Milizjägern, die wir mit viel Passion und Freude unser Handwerk ausüben. Damit wäre unsere heutige Freizeitjagd ebenfalls am Ende.

... oder den Wölfen ...

Bei der ganzen Diskussion um die Zukunft der Jagd könnte noch eine „dritte Partei“ eine wesentliche Rolle spielen. Denn gelingt es Wolf und Luchs, sich in der Schweiz, Deutschland und Österreich weitere Lebensräume zu erschließen und bleiben die beiden absolut geschützt, dann wird es in einigen Jahrzehnten ebenfalls keine Freizeitjäger mehr brauchen. Denn 500, 600 Luchse und einige tausend Wölfe werden das schaffen, was die rund 550.000 Jägerinnen und Jäger im deutschsprachigen Raum jedes Jahr machen: Den Wildbestand mehr oder weniger nachhaltig bejagen und auf einem für Land- und Forstwirtschaft möglichst schadenfreien Niveau halten.

... oder uns Jägern

Zurücklehnen und so weitermachen wie bisher, scheint in Zukunft wenig erfolgreich zu sein. Agieren, statt reagieren, sollte die Devise unserer Verbände sein. Dazu braucht es gute Köpfe, die haben wir oder ziehen sie bei, aber auch Geld. Viel Geld, jedenfalls mehr als bisher. Denn was Jagdverbände jährlich an finanziellen Mitteln einsetzen können, werden die Schutzorganisationen aus ihrer Portokasse bezahlen. Nicht das Diffamieren unserer Gegner ist gefragt, sondern „wasserdichte" Argumente, aber auch das Markieren unserer „Reviergrenzen". Nicht die „kleinen Stolpersteine", wie Unterschutzstellung von Adler und Wolf oder ein Baujagdverbot oder die Verwendung bleifreier Munition werden unser Handwerk in Frage stellen, sondern die großen Entwicklungen in unserer Gesellschaft. Wir sollten aber auch unter uns Jägern Aufklärung betreiben und immer wieder hinterfragen, ob alles weidgerecht ist, was wir tun. Wobei Weidgerechtigkeit hier eher durch tierschutzgerecht und zeitgemäß ersetzt werden sollte. Wie schrieb doch der passionierte Jäger und Schweizer Schriftsteller Eugen Wyler (1988–1972) treffend dazu: *„Es ist mancher ein weidgerechter Jäger – bis auf die paar Stunden, die er jagt."* Am Wichtigsten scheint jedoch zu sein, stets offen mit der nichtjagenden Bevölkerung zu kommunizieren, zu argumentieren, zu begründen, aber auch andere Meinungen zu respektieren. Im Zeitalter von Google ist die jagdliche Welt gläsern geworden, Märchenerzähler sind nicht mehr gefragt. Wenn uns das gelingt – die Hoffnung stirbt bekanntlich zuletzt – wird unsere jüngste Jägergeneration im Jahre 2080 im jagdlichen Schlaraffenland leben. Neben Hirsch, Reh, Sau, Gämse, Steinbock und Fuchs wird sie auch die nach wie vor geschützten, aber in Kontingenten freigegebenen Biber, Wölfe und Luchse bejagen können und mit den Schutzorganisationen – vielleicht nicht gerade bei einem feinen Hirsch-Entrecôte, aber einer guten Flasche Wein – gemeinsame Probleme diskutieren. Dann hätten wir die real existierenden jagdlich-paradiesischen Zeiten.

Winkelried

Am 9. Juli 1386 trug sich mitten im Herzen Europas ein Ereignis von epochaler Bedeutung zu: Die Schlacht bei Sempach. Kaum war diese geschlagen, schwärmten Meldeläufer von „CNN Tell“ aus und verbreiteten in Windeseile die frohe Botschaft der Eidgenossen. Dabei überragte ein Held alle anderen Kämpfer und wurde von den Boulevardmedien wie ein Gott gefeiert: Arnold von Winkelried.

Was war geschehen? Ein größeres Heer unter Führung von Herzog Leopold III. von Österreich hatte sich auf den Weg gemacht, um den in letzter Zeit etwas übermütig gewordenen Eidgenossen auf den Zahn zu fühlen. Derweil Leopold mit seinen Mannen siegesgewiss Richtung Sempach und dann weiter nach Luzern reiten wollte, waren die Eidgenossen bereits oberhalb von Sempach angelangt. Sie hatten zum Vesper gerade Speck und Brot aus ihrem Wams geholt, als überraschend die ersten Österreicher auftauchten. Und schon gingen die Kontrahenten aufeinander los. Hier die mit langen Spießen und schützender Rüstung ausgestatteten Rittersleute, dort die mit Dolchen und Hellebarden ausgerüsteten Eidgenossen. Bald gerieten Letztere gegen die Übermacht ins Wanken, da drängte sich aus den hinteren Reihen ein zwei Meter großer und gut 100 Kilogramm schwerer Hüne vor und rief seinen Mitstreitern zu: *„Ich will euch eine Gasse bahnen, sorget für Weib und Kinder.“* Er umschlang ein Dutzend Speere und drückte diese nieder, so dass die Eidgenossen über seine Leiche hinweg vorrücken und den in ihren Rüstungen bei der Sommerhitze dahinschmorenden Rittern problemlos den Schädel einschlagen konnten. Es war 8 Uhr Abends, als Leopold III. auf dem Schlachtfeld seine Seele aushauchte, grad so, wie es ihm sein Astrologe am frühen Morgen verkündet hatte. Mit dieser aufopfernden Tat Winkelrieds war nicht nur die Niederlage der Habsburger besiegelt, sondern auch die Basis für die heutigen Witwen- und Waisenrenten gelegt.

Seither haben die Eidgenossen noch manche Schlacht geschlagen, aber einen zweiten Winkelried gab es nicht mehr. Selbst als im Jahr 2009 Peer Steinbrück, damals Finanzminister der BRD und selbst ernannter Kavallerieoberst, den Schweizern wegen ein paar unversteuerter Franken mit der Kavallerie drohte, drängte kein sich aufopfernder Held vor.

Das hat sich geändert. „Anton Winkelried II.", alias Merkle, kein Geringerer als der Präsident von JagdSchweiz, rief 634 Jahre nach der Schlacht bei Sempach in einem Hirtenbrief seine Schäfchen dazu auf, in „Winkelried-Stimmung" die Schlacht gegen Tier- und Naturschutzkreise aufzunehmen. Denn diese würden mit ihrem Referendum gegen das neue Jagdgesetz und ihrem Einsatz für den Schutz von Biber, Luchs, Wolf & Co. nur *„zu einem unversöhnlichen Streit im Land und zur städtisch-selbstherrlichen Missachtung ländlicher Gebiete führen"*. Für eine erfolgreiche Kampagne brauchte Merkle Geld, viel Geld. Die Agentur Farner Consulting unterstützte die Planung der Kampagne. Deren Gründer Rudolf Farner soll vor Jahrzehnten einmal verkündet haben, dass er für eine Million Franken aus einem

Winkelried, der Held der Schlacht bei Sempach

Kartoffelsack einen Bundesrat machen würde. Da sollte es doch ein Klacks sein, mit den angepeilten zwei Millionen Spendenfranken die Mutter aller Schlachten zu gewinnen. Und so marschierte „Winkelried II." am 27. September 2020 mit seinen Getreuen zwar nicht nach Sempach, aber zur Abstimmung an die Urnen. Den Haupttross bildeten die 30.000 Jägerinnen und Jäger, an der rechten Flanke geschützt durch die Mitglieder des Vereins „Schweiz ohne Großraubtiere", an der linken von jenen Bauern, die nicht im Einsatz gegen die Pestizid-Initiative waren.

Als Hobby-Astrologe stocherte ich noch vor der Abstimmung im Kaffeesatz meines Espressos herum und sah dabei Grässliches: Blutrünstige Wölfe, klagende Lämmer und mittendrin eine gewaltige Strecke an Jägern mit dem letzten Bissen im Mund. Drum herum Tausende von Natur- und Tierschützern, welche auf ihren Trompeten „Jagd tot" bliesen. Kein gutes Omen für „Winkelried II." Und tatsächlich: Die Schlacht um das Jagdgesetz ging verloren, die Schutzorganisationen jubilierten. Glücklicherweise kam „Winkelried II" mit dem Leben davon und endete nicht wie sein Urahne auf dem Schlachtfeld. Vielleicht bleiben von den 2 Millionen Franken Spendengeldern noch ein paar Fränkli übrig. Damit könnte man im Park des Jagdschlosses Landshut zu Ehren von „Winkelried II." ein Denkmal errichten, das immer und ewig an seinen hingebungsvollen Kampf für „Tiere, Landschaft und Menschen" erinnert.

Seufzende Lämmer, klagende Kitze

Die Schweiz ist eine direkte Demokratie. Das bedeutet, dass das Volk nicht nur alle vier Jahre die Parlamentarierinnen und Parlamentarier wählt, sondern jedes Jahr aufgrund von neuen Gesetzen oder Initiativen sowie Referenden mehrmals an die Urnen gerufen wird. Dabei wird beispielsweise entschieden, ob das Rentenalter erhöht werden soll, ob die Bauern für Kühe, denen die Hörner belassen werden, mehr Direktzahlungen erhalten sollen (Hornkuh-Initiative), oder, wie am 27. September 2020, ob die Schweizer Armee neue Kampfflugzeuge kaufen darf beziehungsweise künftig den Feind mit Luftballonen zu bekämpfen hat. Am gleichen Wochenende stand auch das revidierte Jagdgesetz zur Abstimmung. Dabei ging es im Wesentlichen um den erleichterten Abschuss des Wolfes, für die einen ein reißendes Raubtier, das haufenweise die schönsten und besten Schafe wegfrisst, für die andern das Zeichen eines Restes noch intakter Natur.

Nun ist die Abstimmungsschlacht um das revidierte Jagdgesetz geschlagen. Die Befürworter liegen angezählt im Wundbett, die Gegner üben sich in Frohlocken. Für beides gibt es keinen Anlass, war der Nein-Stimmen Anteil mit 51,9 % nicht gerade überwältigend. Trotzdem gilt: Ein Nein ist ein Nein. Bevor wir Jäger nun in Selbstmitleid verfallen, hier die gute Nachricht: Die Jagd wird nicht abgeschafft. Wir werden wie in den letzten zehn, zwanzig Jahren weiterjagen können. Und die schlechte? Die gibt es gar nicht, außer dass die Jagd wieder einmal zwischen Amboss (Schutzorganisationen) und Hammer (Wolfabschaffer) geraten ist. Sei's drum. Doch die nächste Abstimmung wird bestimmt kommen, und dann sollten wir wieder fit sein: Präsent in den Medien, in der Öffentlichkeit, mit prall gefüllten Geldbeuteln und guten Argumenten ausgestattet.

Natürlich hatten die Gegner des Gesetzes mehr Geld, haben unwissende Städter und Agglos aus dem Bauch heraus entschieden, haben die Frauen gegen die Jagd gestimmt und die alten Männer dafür. Und die Jungen haben eh, noch rasch so nebenbei von einer Klimademo aus, ihre Nein-Stimme in die Urne geworfen. Aber ehrlich: Das alles war doch bereits lange vor der Abstimmung bekannt, und trotzdem haben wir Jäger den Fehdehandschuh aufgenommen. Deshalb: Was können wir das nächste Mal besser machen?

Erstens ist zu überlegen, mit wem wir uns ins Bett legen sollen. Die Liaison mit den Schafhaltern, den Wolfabschaffern und dem Bauernverband ist gescheitert und führte zu einer Totgeburt. Weshalb nicht ein Versuch mit den Schutzorganisationen und dem Forst? Diese stehen wie wir Jäger für Artenschutz, Tierschutz, Schutzwald und Jagdschutz ein. Dazu verfügen sie über volle Geldschatullen. Die Chance steht gut, dass daraus ein wunderhübsches, pausbackiges Rotkäppchen entsteht, das unerschrocken jeden Wolf in die Schranken weist, ihm seinen Lebensraum jedoch garantiert und dafür sorgt, dass sich der Urahne unserer Hunde langfristig zum Vegetarier umerziehen lässt.

Zweitens: Wir leben im 21. Jahrhundert und nicht mehr im Mittelalter. Deshalb sollten wir Jäger zur nächsten Abstimmung nicht mehr im „Winkelried-Modus“ antreten. Die Schlacht bei Sempach gegen Herzog Leopold von Österreich fand vor über 630 Jahren statt, und da war ein Arnold von Winkelried, der die Phalanx der Ritter aufbrach, ein Geschenk Gottes. Heute zählen jedoch weniger die Helden, Hellebarden und Morgensterne, sondern klare, eingängige und emotionale Argumente, die auch bei den Urbanen, Frauen und Jungen ankommen. Denn auch diese wissen inzwischen, dass in manchen städtischen Gebieten die Artenvielfalt größer ist als auf Placken bedeckten Alpen, und deshalb die Bergbevölkerung keinen Alleinanspruch auf die Biodiversität hat.

Und drittens: Ein Tipp an unsere abgehärteten Älplerinnen und Schafhirten, die bei jedem Sauwetter zu ihren Schützlingen schauen – im Gegensatz zu den Unterländer Jägern, die bei Temperaturen unter 10 Grad nur noch mit beheizten Klamotten aus ihren SUVs steigen.

Doch beim Anblick der 400 vom Wolf jährlich getöteten Schafe verfallen die Bergler in kollektives Schluchzen, reden von „Gemetzel“ und beschreiben dieses so: *„Der Wolf hat ein trächtiges Schaf richtiggehend zerrissen, hat die Gedärme und das Lämmchen im Bauch herausgezerrt. Das Schaf ist elendiglich verendet.“* Das wirkt verstörend, doch für uns Revierjäger ist dies im Frühling Alltag. Jedes Jahr müssen wir Tausende von Wildtieren – vor allem Rehkitze – zusammenlesen und entsorgen, die bei der Heuernte von landwirtschaftlichen Maschinen zerfetzt und zerstückelt wurden. Dazu Hunderte von Tieren, die sich in den Flexinet Zäunen der Schafhalter verfangen und elendiglich verenden. Und nicht zuletzt müssen wir Unterländer Jäger jährlich gegen 4.000 Rehe entsorgen, die dem Straßenverkehr zum Opfer gefallen sind. Darunter auch Rehgeißen im April, denen das Gescheide und die zwei Kitze in der Tracht aus dem Bauch geschleudert wurden. Ebenfalls ein verstörender Anblick. Deshalb liebe Älpler, kommt im Frühjahr, wenn bei euch noch Schnee auf den Matten liegt, zu einem Abhärtungsseminar zu uns ins Unterland. Helft uns, dass entlang der Wälder die Heuwiesen kreiselmäherfrei und die Straßen autofrei bleiben. Und wir werden euch bei der nächsten Wolfsabstimmung unterstützen und fortan nur noch Alpkäse kaufen. Eine absolute Win-win-Situation.

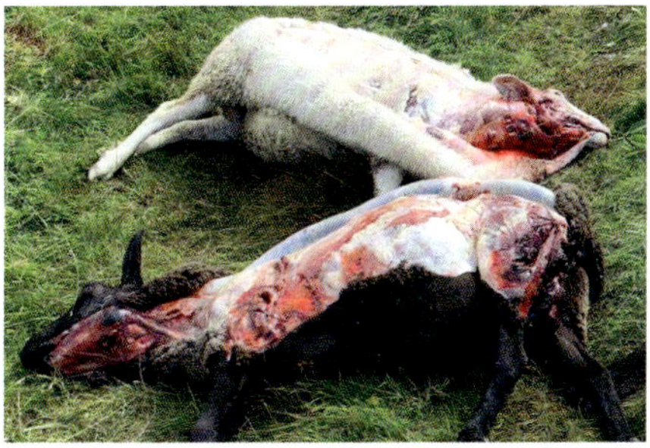

© Martin Ebner/ Jagdverwaltung SG

Im Tode vereint: vom Wolf gerissene Lämmer – vom Kreiselmäher zerfetzte Kitze

Sind Sie schon tot?

Zeigen sich bei Ihnen Symptome wie Übelkeit, Erbrechen, Durchfall, schleichender Zerfall oder sind Sie gar schon tot? Dann wird es höchste Zeit, sich über Ihre Zukunft Gedanken zu machen. Für die Krimileser unter Ihnen, insbesondere für die 70+ Generation, sollte eigentlich alles klar sein. Bingo? Ja, ohne Wenn und Aber: Sie leiden offensichtlich an einer veritablen Arsenvergiftung. Nachzulesen in „Arsen und Spitzenhäubchen", dem Standardwerk des Arsen Einsatzes zur Beseitigung alter einsamer Männer. Oder einfach mal googeln. Und schon erscheinen auf dem Bildschirm die Namen von Königen, Kaisern, Päpsten und anderen Unglücklichen, welche dank Arsen unfreiwillig aus dem Diesseits geschieden sind.

Eigentlich hatte sich in den letzten Jahrzehnten gezeigt, dass der Arseneinsatz zur Beseitigung von „lieben" Mitmenschen in den Mottenkisten früherer Jahrhunderte definitiv versenkt worden ist. Vor allem lässt er sich heute nicht mehr mediengerecht inszenieren. Denn das Ableben durch eine Arsenvergiftung erfolgt in Raten und ist für das Fernsehpublikum nicht sehr telegen. Deshalb flimmern aktuell medienwirksamere Methoden wie Grobzerlegung, Sprengungen oder in Zeitlupe gefilmte Kugeleinschläge über die Großbildschirme in den guten Stuben. Das ist jetzt aber vorbei, denn Arsen erlebt eine Renaissance. Zwar nicht im aktiven Einsatz, dafür aber nicht weniger zielführend. Und es trifft uns Jägerinnen und Jäger mit voller Wucht. So quasi eine .300 Weatherby Magnum in Milligramm-Dosierung, aber nachhaltig.

Die vor Kurzem in den Printmedien veröffentlichte Meldung, dass man im Klassenzimmer einer Schule in der Stadt Winterthur Arsenspuren gefunden habe, riss noch niemanden vom Hocker. Denn aus dieser Stadt war man in letzter Zeit einiges an Negativmeldungen gewohnt: Hort der Schweizer Islamisten-Szene, Steuerhölle, „Wärmering-Affäre". Weshalb nicht auch ein paar Arsenaltlasten in einem

© Martin Ebner

Wolpertinger der Art bestia fabulosa bavariensis

Schulzimmer? Als aber in „20 Minuten" Klein-Anna die Sache auf den Punkt brachte – Originalton: *„D'Lehleli hät gseit, mir döfet kei Tieli me alange"* (die Lehrerin hat gesagt, wir dürften keine Tiere mehr anrühren) – war der Skandal perfekt. Denn in der Zwischenzeit war klar geworden, dass all die wunderschönen Stopfpräparate der Schule, vom Maulwurf über die Rabenkrähe bis zum Jöö-Bambi, übel mit Arsen kontaminiert waren. Die Folge davon: Alles Ausgestopfte musste sofort hinter verschlossenen Vitrinen parkiert werden und die Schülerinnen und Schüler samt Lehrerschaft und Abwarte wurden durch ein Sonderkommando der Schweizer Armee aus dem ABC-Labor in Spiez untersucht. Und wie reagieren wir Jäger auf diese für uns doch existentielle Angelegenheit? Überhaupt nicht! Weiterhin werden in den Vorbereitungskursen für die Jägerprüfungen alte und uralte Stopfpräparate herumgereicht und bei den Prüfungen empfehlen die Experten dem gestressten Prüfling – selber liebevoll über das Fell eines Feldhasen mit brüchigen Löffeln streichend – er solle doch das Objekt ruhig in die Hand nehmen, wenn das die Antwort erleichtere. Also keine Anzeichen von Quarantäne, weder für die Ausgestopften noch für die Prüfungsexperten, kein Ausmisten der Lehranhänger und weiterhin unsere bewährten Auftritte auf Dorfmärkten mit Stopfpräparaten zum Streicheln. Absolute Ruhe herrscht. Noch! Aber eigentlich sollte allen klar sein, was da abläuft: Es kann doch kein Zufall sein, dass diese Arsen-Geschichten aus dem Kanton Zürich kommen. Dem Kanton, wo es für unsere Jagd wieder einmal um die Wurst geht. Sind sie vielleicht Teil der Strategie der Zürcher Jagdabschaffer? Wir wissen es nicht, und behaupten sollte man es nicht. Fallen dann aber im Abstimmungskampf Aussagen wie „Jäger vergiften unsere Kinder" oder „Heute in den Bambis der Schulen, morgen im Wildfleisch", und wird dadurch die Arsen-Frage zu einem zentralen Thema der Kampagne, dann wissen wir definitiv, wie der Hase läuft.

PS. Noch ein Tipp an die Jagdabschaffer: Zieht doch eure Initiative zurück. Spart das Geld zum Anlegen von Biotopen für den Asiatischen Laubholzbockkäfer oder setzt damit ein paar türkische Tanzbären in unseren Alpen aus. Aber lasst uns Jägern unsere letzten kleinen Freiräume. Denn dank Arsen in den Stopfpräparaten, die x-fach unsere Jägerstuben bevölkern, werden wir schleichend, aber todsicher von diesem Planeten verschwinden.

Voll krass

In Deutschland werden jedes Jahr rund 230.000 Rehe, Hirsche, Wildschweine sowie Gämsen überfahren und Opfer der Natur. Oder geraten unter landwirtschaftliche Maschinen. In der Schweiz sind es 25.000 Tiere, in Österreich 70.000. Dazu kommen Tausende von Füchsen, Hasen und Dachse. Und all diese toten Wildtiere bleiben natürlich nicht auf der Straße, im Wald oder Feld liegen, sondern müssen einer Tierkörpersammelstelle zugeführt werden. In diesem Zwischenlager bleiben sie bis zur endgültigen Entsorgung in einem Verarbeitungsbetrieb oder einer Biogasanlage zur Energiegewinnung. So schreibt es das Gesetz vor. Die „Zuführer" zu den Tierkörpersammelstellen sind Jäger und Wildhüter, welche das nicht aus Begeisterung an der Sache machen, sondern ganz einfach, weil es ihre Pflicht ist. Der Rehbock, den J. K. angefahren hatte, lebte noch, als ich am Unfallort eintraf: Rücken und zwei Läufe gebrochen, der Körper arg aufgeschürft. „Das Tier sollte man möglichst rasch zum Tierarzt bringen", empfahl J. K. Mein Fangschuss beendete Leiden und Stress des Bockes und mein Weshalb und Warum für diese „Untat" beruhigte den Fahrer. Während ich den Bock etwas abseits der Straße aufbrach, suchte J. K. die Gegend nach Glassplittern, Kühlergitter und Plastikteilen ab. Denn sein tiefer gelegter, mit Breitschlappen ausgerüsteter BMW-5er war durch den Zusammenprall ziemlich abgeändert worden. Als ich zum Wagen zurückkam, meine Hände noch mit etwas Schweiß bedeckt – in der Regel gibt es an solchen Orten kein Wasser und keinen Seifenspender zum Händewaschen – blickte J. K. entgeistert auf meine Handrücken. „So viel Blut, voll krass, Mann", stieg in seinen Boliden und brauste davon.

Anruf der Polizei: Auf der Hauptstraße zwischen A und B läge ein toter Dachs am rechten Straßenrand. Da Dachse in der Regel nachts unterwegs sind, musste ich davon ausgehen, dass beim herrschenden Sonnenschein und 28 Grad im Schatten das Unfallopfer seinen

Standort bereits auf eine größere Distanz kundtun würde. Dem war dann auch so: Mein Hund hob bereits auf eine Entfernung von gut 30 Metern die Nase, und bald zeigte auch mein Riecher an, dass da etwas Anrüchiges in der Nähe sein musste. In solchen Fällen helfen auch offene Autofenster und eine zügige Fahrt zur Tierköpersammelstelle nicht viel. Der süß-penetrante Geruch verbreitete sich im Nu im Innenraum, und ich war froh, als ich am Ziel ankam. Dort stand bereits ein Auto und zwei charmante junge Damen waren gerade dabei, die vier Stufen bis zur Türe des „Briefkastens" emporzusteigen. Ich stand am Fuße der Treppe, als sich oben die Türe öffnete und die ältere der beiden – mit Gummihandschuhen bestückt, die bis fast zum Ellbogen reichten – einen Blick ins Innere warf. Das hätte sie nicht tun sollen. Dem Aufschrei „voll krass" folgte die Flucht der beiden von der Empore herunter und an mir vorbei zu ihrem Auto. Was denn los sei, ob ich helfen könne, fragte ich. Das sei ja grässlich dort oben. Sie möchten „DAS" hier entsorgen, ob ich es übernehmen könnte. Dabei streckte mir die Jüngere eine in einem Handtuch eingewickelte Art Wurst entgegen. „Was ist denn da drin?" – „Ein Meerschweinchen." Ich wickelte das Tier aus dem Tuch und stieg die Treppe hoch. Tatsächlich, der Container war übervoll mit toten Hühnern, Ferkeln sowie Fleischabfällen und obendrauf, gleich hinter der Türe, lag ein Fuchs. Dazu ein Geruch, wie er eben nur an solchen Orten auszumachen ist. Die beiden Damen bedankten sich artig, bestiegen ihr Auto und fuhren rasch vom Ort des Grauens weg.

Eigentlich sollte man meinen, dass die heutige Smartphone-Jugend und Gamer-Generation genügend abgehärtet wäre, um solche Anblicke und Gerüche problemlos ertragen zu können. Wenn nicht, wäre ein obligatorischer Besuch einer Tierkörpersammelstelle durch jeden Volksschüler ein Akt der Vernunft. Möglicherweise gäbe es dann mehr Anhänger für den „Nose to Tail" Trend, und nicht nur Filet- und Steak-Verzehrer. Aber vielleicht würde der Schuss auch nach hinten losgehen, weil anschließend der schulpsychologische Dienst von traumatisierten, unter Schlafstörungen leidenden und scharenweise zum Veganismus überlaufenden Jugendlichen überrannt würde. Das wäre dann tatsächlich voll krass!

Hightech-Jagd

Wer ein Zielfernrohr mit 25-fach Zoom und Flugbahnkompensator sein Eigen nennen kann, ist jagdtechnisch gesehen in der Neuzeit angekommen. Denn damit lassen sich, ob im heimischen Revier oder in den Savannen Afrikas, punktgenaue Schüsse von 10 bis 1000 Meter auf jegliches Getier anbringen. Und wer schweren Herzens den über Jägergenerationen vererbten Lodenmantel mit der Kleidersammlung entsorgt und sich eine Hightech-Camouflage-Jacke mit integriertem Geruchskiller angeschafft hat, kann nicht nur auf das tägliche Duschen verzichten, sondern wird, modernster Technik sei Dank, selbst mit dem Wind im Nacken den Winterfuchs auf Schrotschussdistanz auflaufen lassen können. Wer nun aber denkt, er könne es sich in der wohligen Hightech-Suhle gemütlich machen, irrt gewaltig. Denn bereits steht das neue jagdtechnische Zeitalter 4.0 vor der Tür, eingeläutet von JagdSchweiz.

Im weihnächtlichen Hirtenbrief an seine Schäfchen schreibt Präsident Hanspeter Egli Klartext ans Christkind: *„JagdSchweiz fordert Erleichterungen für den Einsatz von Hilfsmitteln wie Nachtzielgeräte für die Schwarzwildjagd."* Mit anderen Worten: JagdSchweiz propagiert die Hightech-Jagd und erklärt mit ihrer Forderung nach dem erleichterten schweizweiten Einsatz von Nachtsichttechnik – gemäß Jagdverordnung Art. 2, Abs. 1 e verboten, da es sich um Kriegsmaterial handelt – den Borstentieren den totalen Krieg. Begründung: Wegen *„den in Teilen der Schweiz hohen Schäden an landwirtschaftlichen Kulturen und der drohenden afrikanischen Schweinepest (ASP) ist eine (noch) stärkere Bejagung der Wildschweine gefordert."* Nun, die Wildschweine werden damit leben müssen und können, haben sie doch schon in der Vergangenheit gezeigt, dass sie in der Lage sind, einen Jäger-Subaru von einem urbanen 4x4-Gefährt zu unterscheiden. Das wird ihnen, nach ein paar Anpassungsschwierigkeiten, wieder gelingen. Dies zeigen die durchschnittlichen Schadenzahlen der letzten zehn Jahre in den Revierkantonen. Denn hier liegt der mit Nachsichttechnik flächendeckend aufgerüstete Thurgau mit 710 Franken pro erlegter Sau unangefochten an erster Stelle, vor dem Aargau mit 417 Franken. Anders sieht das für die Schwarzwildjäger aus. Sie werden sich auf schwierige Zeiten einstellen müssen. Wie erklären sie künftig den Nichtjägern, welch inniges Naturerlebnis sie in stockdunkler Nacht beim Blick durch das Nachtsichtzielgerät empfinden und was das mit traditioneller Jagd und Jägerhandwerk noch zu tun hat? Was sagen sie dem Landwirt, der einen bedingungslosen Nacht-für-Nacht-Ansitz fordert, damit endlich den Polentagrapschern ihr wühlerisches Handwerk gelegt wird? Und was antworten unsere Verbandsoberen unseren Freunden vom Forst, wenn diese wieder einmal über die „unermesslichen" Schäden von Rot- und Rehwild am (Schutz-)Wald klagen und gleiche Rechte wie die Bauernschaft einfordern? Ja, weshalb nicht Nachtsichttechnik zur Reduktion der Rotwildbestände? Und wer weiß, vielleicht exportieren die Engländer nach dem Brexit wieder einmal die BSE aufs Festland.

Keine Angst, so weit wird es nicht kommen. Denn bereits steht die nächste jagdtechnische Revolution vor der Tür. Jagen wird noch leichter, und endlich wird Rücksicht auf unsere Schlafbedürfnisse sowie unser Eheleben genommen. Das Wundermittel: Mikro-Kamikaze-Drohne „Hero 30". Die Drohne starten, über ein Maisfeld fliegen, Sauen detektieren, die Mini-Lenkwaffe auslösen und mitten in einer Rotte Sauen die geballte Ladung bleifreier Geschosse genau ins Ziel bringen. Sauen einsammeln, Strecke legen, Signal Sau tot, Weidmannsheil.

Als Randständiger in Sachen Hightech-Jagd bleibt mir und meinen Rottenmitgliedern nur die Hoffnung, dass das Bundesamt für Umwelt wegen der Revision des Jagdgesetzes und einem allfälligen Referendum der Schutzverbände noch jahrelang keine Zeit finden wird, um am Kriegsmaterialartikel etwas zu ändern. Oder es verlangt von den Herstellern von Nachsichttechnik und Drohnen, ihren Geräten folgenden Hinweis beizufügen: „*Dies ist* ***kein*** *Arzneimittel, sondern Kriegsmaterial, welches das jagdliche Handwerk beeinträchtigen kann. Zu Risiken und Nebenwirkungen lesen Sie die Packungsbeilage und fragen Sie JagdSchweiz.*"

Artenschutz für alle

Unsere Parlamentarier sind bemitleidenswerte Geschöpfe. Sie sitzen in der großen oder kleinen Kammer und bekommen im Halbstundentakt Themen wie Bekämpfung invasiver Pflanzen, Wasserzinsen und Jagdgesetzrevision um die Ohren gehauen. Und sollen dazu einen weisen Entscheid treffen. Dabei sind sie weder Fachfrau noch Fachmann für alles, sondern Juristen, Bauern oder sonst wie ein Abbild unserer Bevölkerung. Unter diesem Druck entscheiden unsere Volksvertreter, welche meist entweder einen Vertrag mit dem Volk (die Rechten) oder mit der Natur (die Grünen) abgeschlossen haben, oftmals aufgrund der Meinung von Lobbyisten, die natürlich nur das Beste wollen – für ihren Auftraggeber selbstverständlich. Und zum Schluss bekommen die wackeren Mannen und Frauen vom Volk mit dem Stimmzettel noch die rote Karte gezeigt. Da ist der Gedanke, den ganzen Bettel hinzuschmeißen, nicht mehr weit. Deshalb fordere ich mehr Artenschutz für unsere Parlamentarier.

Das gleiche gilt für uns Jäger. Wenn Jagdaufseher Studer Hänsel im Solothurnischen Jurabogen den zweitletzten Rehbock seines Reviers, gerissen vom Mitprädator Luchs, entsorgen muss, dann denkt er wehmütig an die 80er Jahre zurück, als es noch „Rehe wie Flöhe gab“. Nein, nicht ein Dutzend Rehe im Jahr will Studer erlegen. Sind es aber nur noch 0,5, dann reicht dies nicht einmal mehr für einen Rehrücken zu Weihnachten. Außer man kauft ihn bei Aldi. Soll man deshalb dem Studer Hänsel böse sein, wenn er seine Flinte an den Nagel hängen will? Nein, aber konsequenterweise sind die 30.000 Schweizer Jäger, Tendenz sinkend, ebenfalls dem Artenschutz zu unterstellen. Ebenso die 385.000 deutschen Jäger, Tendenz steigend, sowie die 130.000 österreichischen Grünröcke.

Ja, und wenn wir schon „Artenschutz für alle“ fordern, dann gilt das auch für die Schutzorganisationen sowie für Luchs, Wolf, Bär und Biber, die genauso zu unserer Fauna gehören wie wir Jäger, die

Sollten unsere Politiker die Jagdprüfung ablegen?

Schwarznasenschafe und die Honigbienen. Was wären wir ohne Pro Natura, ohne Tierschutzorganisationen, ohne Vogelwarte, ohne WWF? Wohin könnten wir sonst unseren Spenden-Obolus schicken zum Schutze von Bären, zum Kastrieren herumstreunender Katzen, für notleidende Vögel und Pandas?

Sollte man meinen! Wenn man aber die Diskussionen rund um die Revision des Jagdgesetzes verfolgt, dann ist es mit einem „Artenschutz für alle“ nicht sehr weit her. Die Walliser Regierung fordert die Jagdbarkeit des Wolfes das ganze Jahr über, weil dieser *„wahllos tötet und dies meist aus bloßer Lust am Töten tut“*. Die Schutzorganisationen finden das inakzeptabel und verlangen, dass zuerst ein günstiger Erhaltungszustand bei den Großraubtieren erreicht werden muss, bevor überhaupt über eine Bejagung diskutiert werden kann. Unser Jagdverband fordert Eingriffe in Bestände von Großraubtieren zur *„Verhütung von Schaden auch an Wildtierbeständen“*. Aber ist das Reißen eines Rehes wirklich schon ein Schaden? Wenn ja, müsste konsequenterweise auch bei den Beständen der Autofahrer eingegriffen werden, die in der Schweiz jedes Jahr rund 8.000 Rehe totfahren.

Wieder andere verlangen eine Einschränkung des Beschwerdcrechts von Schutzorganisationen. Und unsere Politiker? Sie wundern und fragen sich, ob sie zum besseren Verständnis der Materie nicht noch schnell die Jagdprüfung ablegen sollten.

Da gibt es nur eines: Zusammensitzen und handfeste Kompromisse schmieden. Dazu gehören Zahlen: Wie viele hundert Schafe sind die Schafhalter bereit, den Großraubtieren zu „opfern"? Sind aus wildbiologischer Sicht zehn Wolfsrudel und 100 Luchse in der Schweiz genügend, um deren Bestände im Alpenbogen zu sichern? Liegt die Schmerzgrenze für uns Jäger bei 5 oder 10 % der heutigen Schalenwildstrecke – auch regional – zugunsten der großen Beutegreifer? Akzeptieren die Schutzorganisationen das „Lebensrecht" von 30.000 Schweizer Jägern?

Keinen Artenschutz mehr braucht die Sektion Wildtiere und Waldbiodiversität des Bundesamtes für Umwelt, will heißen, sie kann aufgelöst werden. Denn künftig werden die Kantone und nicht mehr der Bund über die Bestandsregulierung geschützter Arten entscheiden. Als Ersatz wird ein stimmiges Diorama im Naturhistorischen Museum zu Bern, bestehend aus Bär, Luchs, Wolf und Biber, an die guten alten Zeiten erinnern, als der Bund in Sachen Artenschutz noch den Tarif durchgab.

Arche Noah

Der Herr sagte: „*Ich will den Menschen, den ich erschaffen habe, vom Erdboden vertilgen.*“ (Genesis 6,7) Und gab Noah, seinem Auserwählten, gleich noch einen Bauplan mit: „*Mach dir eine Arche aus Zypressenholz. 300 Ellen lang, 50 Ellen breit und 30 Ellen hoch soll sie sein.*“ (Genesis 6,14/15) Das ergab ein riesiges Schiff von über 130 Metern Länge und bot genügend Platz für alle Menschen aus der Region. Aber nur Noah, seine Frau, seine drei Söhne mit ihren Frauen sowie von jeder Tierart je ein Männchen und ein Weibchen wurden eingelassen. Dazu natürlich Futter für alle, sonst wären nach kürzester Zeit nur noch Prädatoren wie Menschen, Wölfe und Löwen an Bord gewesen. Erstaunlich an der ganzen Geschichte ist, dass Noah damals bereits 600 Jahre alt war und in kürzester Zeit das Schiff bauen konnte. Da darf man wohl annehmen, dass er den einen oder anderen Trick anwandte. Nur so konnte er möglichst viele Helfer anheuern, die er nach sieben Tagen Arbeit sprichwörtlich im Regen stehen ließ, die Segel hisste und davonfuhr. Es vergingen Monate, bis die Erde wieder trocken war und Noah mitsamt allen Tieren die Arche verlassen konnte. Begleitet von Gottes Aufruf: „*Auf der Erde soll es von ihnen wimmeln; sie sollen fruchtbar sein und sich auf der Erde vermehren.*“

Weshalb ich das alles erzähle? Nun, im 21. Jahrhundert sind wir offenbar wieder so weit. Auf unserem Planeten „wimmelt es von schlechten Menschen“, die Tiere vermehren sich nicht mehr, im Gegenteil, sie werden immer weniger – außer Hühner, Schweine und Rindviecher – und der Meeresspiegel steigt an. Zwar nicht wegen anhaltendem Regen, sondern wegen dem Klimawandel. Deshalb ist ein moderner Noah gefragt. Und da beginnt bereits das erste Problem: Wer soll das sein? Vom Alter her drängt sich eigentlich niemand auf, denn 600-jährige Weise gibt es seit Noah auf unserem Planeten nicht mehr. Wie wär's deshalb mit einem Politiker, beispielsweise mit Donald Trump oder Wladimir Putin? Oder am besten gleich mit beiden in einem

Co-Präsidium? Denn sonst würde eine erfolgreiche Wahl durch zahllose Vetos so lange verzögert, bis uns das Wasser an der Nasenspitze stünde. Oder heben wir doch besser die Klima-Päpstin Greta auf den Arche Thron? Die weiß wenigstens, was es geschlagen hat und scheut sich nicht, den Mächtigen dieser Erde die Leviten zu lesen, grad so wie Gott in Genesis 6,9. Okay, nehmen wir Greta, in Zeiten von Frauenpower ist das bestimmt kein schlechter Entscheid.

Wer aber wird die neue Arche bauen? Weltweit haben wir massive Überkapazitäten im Schiffsbau, und die Chinesen könnten bestimmt

Arche Noah – die Tiere gehen an Bord.

in kürzester Zeit ein Gigatonnen Containerschiff vom Stapel lassen. Doch die Amerikaner würden dafür keine Elektronik und die Europäer keine Software liefern. In diesem Dilemma drängen sich die neutralen Schweizer geradezu auf. Zwar ist das Bergland nicht gerade bekannt für seinen Schiffbau, berühmt jedoch für seine Bergbahnen.

Deshalb wird es für die Schweizer ein Klacks sein, eine leistungsfähige Seilbahn vom Basislager am Fuße des Mount Everest bis zum Gipfel zu erstellen. Nein, nicht bis ganz hinauf. Zuerst müssen 800 Meter weggesprengt werden, um auf dem dadurch entstehenden Hochplateau ein riesiges, mit Sauerstoff gefülltes Zelt aufbauen zu können. Die verbleibende Höhe von 8.000 Metern sollte auch für die ärgste Sintflut ausreichen.

Das „Wer führt die Regie“ und „Wie entziehen wir uns der Sintflut“ wären damit geklärt. Doch jetzt stellt sich noch ein drittes Problem. Wer darf überhaupt mitfahren? Die junge Klima-Päpstin Greta wird genauso unerbittlich beim Eingangstor zur Seilbahnkabine alle Klimalügner abweisen, wie damals der alte Noah die Bösewichte und ungerechten Zeitgenossen wegschickte. Deshalb wird es bestimmt keine Politiker auf dem Everest geben, und keine Fleischesser. Dafür werden alle Arten von Vögeln, alle Arten des Viehs und alle Arten der Kriechtiere eingelassen, die es auf unserem Planeten noch gibt. Und wie wird es wohl uns Jägern ergehen? Ich denke, die Seilbahn wird ohne uns abfahren. Doch vielleicht hilft ein Trick und etwas Jägerlatein: Melden wir uns bei der Eingangskontrolle als Urschützer der Biodiversität und Artenvielfalt – die Flinte natürlich unter dem Lodenmantel verborgen – und führen wir einen Wolf oder Luchs am Halsband zur Seilbahn. Dann werden sich auch für uns die Türen öffnen.

Jäger, ledig, sucht

Früher, als sich die Welt noch analog drehte und nicht jedermann ein Smartphone in der Hand hielt, war der Rammelplatz der Liebe klar strukturiert und öffentlich. In Zeitungen oder Illustrierten suchte die fesche Resi einen ebensolchen Burschen, der siebzigjährige Rentner „etwas für die alten Tage“, die „gut aussehende und saubere“ Witwe (59) einen „lieben, treuen Partner über 65 mit sicherer Rente“, den sie an dunklen Wintertagen liebevoll bekochen möchte. Und der gut situierte Jäger hielt Ausschau nach einem „ranken Schmalreh, das mit ihm durch dick und dünn geht“. Wahrscheinlich hatte er beim Verfassen dieser Zeilen bereits an die nächste Drückjagd gedacht und sich vorgestellt, wie sich sein schlankes, neues Weibchen unerschrocken durch bürstendicke Dickungen kämpft und ihm, dem auf einer Kanzel wartenden Weidmann, Wildschweine, Hirsche oder Rehe vor die Büchse treibt. Jedermann konnte sich beim Lesen dieser Anzeigen mit den Inserenten identifizieren, denn der Text war nicht nur voll aus dem Leben gegriffen, sondern erinnerte manche Leserin, manchen Leser an eigene Zeiten der Partnersuche.

Heute ist das praktisch alles vorbei. In den einschlägigen Presseerzeugnissen taucht zwar ab und zu ein Inserat der letzten Digitalisierungs-Resistenten auf, die sich noch analog auf die Pirsch zur Partnersuche aufmachen und ihre Suchanzeigen in Printmedien abdrucken lassen. Meist sind dies Menschen im biblischen Alter von neunzig Jahren, die auf diesem Weg schon mal eine Partnerin gefunden haben und die für den nächsten Rollator Grand Prix im Seniorenzentrum eine Anschieberin suchen. Oder professionelle Vermittlungsinstitute, die darauf aus sind, den noch nicht digitalisierten Suchenden ein paar Kröten aus dem Geldbeutel zu ziehen. Der moderne Mensch sucht sein Männchen oder Weibchen heute jedoch digital über eine Dating-Plattform. Dort gibt er sein exklusives Profil ein, vom Geburtsdatum über Haar- und Augenfarbe bis hin zu Beruf und Hobbys. Dazu Dut-

Einsamer Jäger

zende von Vorzügen, welche seine Gewinnchance auf dem Heiratsmarkt positiv beeinflussen sollen, ja werden. Sowie all die offenen und geheimen Sehnsüchte, die er an sein potentielles Gegenüber richtet. Ist alles erfasst, wird die Entertaste gedrückt, und der Computer gleicht die Eingaben mit ein paar hunderttausend Datensätzen von ebenso Suchwilligen in Sekundenschnelle ab. Das Resultat: Eine Blondine, welche 99,5 % aller Anforderungen abdeckt oder ein schwarzer Lockenkopf, der es auf 99,4 % bringt, beide gut situiert und mit Hochschulabschluss. Und dann geht's so richtig zur Sache. Die virtuelle Welt kann verlassen werden und der Datingnahkampf mit gegenseitigem Beschnuppern beginnen.

Es gibt aber noch einen exklusiveren Weg des sich Findens. Jener über die diversen Kuppelshows, welche auf zahlreichen Fernsehkanälen angeboten werden und die zu einer Traumfrau oder einem Traummann führen sollen. „Bachelor" oder „Bachelor in Paradise" oder „Adam sucht Eva" oder „Bauer, ledig, sucht", sind solche Formate. Bei Ersteren kommen Rosen zum Zuge, welche über Sein oder Nichtsein entscheiden, bei Letzterem Kühe, Ziegen, Hühner und allenfalls noch der Hofhund. Also alles in bester Ordnung?

Nein, ganz und gar nicht. Denn wieder einmal fallen wir Jägerinnen und Jäger durch alle Maschen, gibt es doch für uns weit und breit keine solchen Kuppelshows. Weshalb eigentlich nicht? Auch wir bezahlen Fernsehgebühren. Wie die Bauern sind auch wir eine Minderheit. Wie diese ihre Nutztiere, könnten wir auf einem Pirschgang durch unsere Jagdgründe unserer Auserwählten die ganze Palette einheimischer Wildtiere präsentieren. Von der Waldameise über den Buntspecht bis hin zum kapitalen Keiler. Deshalb meine Bitte an SRF, ARD, ORF und RTL: Erklärt das Jahr 2021 zum „Jahr der Jäger" und nehmt „Jäger, ledig, sucht" in eure Programme auf. Die Einschaltquoten werden sich im hohen zweistelligen Bereich bewegen, garantiert. Und mein Rat an die Kandidaten? Geht beim Reviergang nicht allzu forsch zur Sache, lasst das Gewehr zu Hause, nehmt euren vierbeinigen Begleiter mit – Hunde sind Sympathieträger und können rasch erschnüffeln, ob ihnen das Gegenüber wohlgesinnt ist – genießt gemeinsam das innige Naturerlebnis und erlegt ja kein Wildtier. Denn das Dating könnte sonst rasch bei einer verwelkten Rose enden, bevor sich die Blüte überhaupt entfaltet hat.

Beinkleider

Kleider machen Leute, nennt sich eine Novelle des Dichters Gottfried Keller. Sie handelt vom Schneidergesellen Strapinski, der sich mausarm, aber in einen wunderschönen Radmantel gekleidet sowie mit Pelzmütze und gepflegtem Schnurrbart ausgerüstet, auf Wanderschaft begibt. Unterwegs wird er aus Mitleid von einem Kutscher mitgenommen, und als sie im Nachbardorf vor dem besten Gasthof des Ortes anhalten, wird der edel wirkende Strapinski, *„blass und schön und schwermütig zur Erde blickend"*, von den Leuten wie ein geheimnisvoller Prinz oder Grafensohn angeschaut. Und schon ist das Verwirrspiel perfekt.

Ja, Kleider machen Leute, das gilt heute noch, auch wenn niemand mehr in einem Radmantel herumläuft. Zwar ist es bei manchen Jungen cool, sich mit zerrissenen Jeans zu präsentieren oder mit einer Army-Jacke dem Winter zu trotzen. Wer aber modisch hip sein will, kleidet sich eher mit Pullovern, Hosen, Kappen usw., die ein bekanntes Modelabel aufweisen. Grad so wie Roger Federer oder die Ski Asse.

Einen besonderen Blickfang boten schon immer unsere Beinkleider. Sei dies zum Schutze unseres Bewegungsapparates oder zum Verdecken von Schönheitsfehlern oder ganz einfach als Schmuck und zum Gefallen beim anderen Geschlecht. So stürzten sich die Ritter des Mittelalters in ihre maßgeschneiderten, eisernen Rüstungen, um im Kampf nicht gleich beim ersten Schwerthieb oder Lanzenstich ein Bein loszuwerden. Auch bei all jenen sind Beinkleider von Nutzen, die mit ihrer Figur oder ihrem Wuchs nicht gerade den aktuellen Schönheitsidealen entsprechen. Denn mit einer Hose kann Mann seine Sichelbeine kaschieren und Frau muss nicht jede Woche den Rasierapparat hervorholen, um ihre behaarten Beine kahl zu scheren. Doch aufgepasst: In unserer schnelllebigen Zeit dauert so eine Trage-Hosen-Mode meist nicht lange. Kommt danach beispielsweise die Zurück-zur-Natur-Phase, kann Frau Hose und Rasierer ruhig für ein paar Monate einmotten und im Minirock ihr natürliches Fellkleid öffentlich zur Schau tragen. Dieses soll sogar, wie neueste Forschungen zeigen, besonders erotisch auf Männer wirken. Ist auch kein Wunder, denn unsere nahen Verwandten, die Schimpansen, laufen – sich munter fortpflanzend – nach Hunderttausenden von Jahren immer noch gleich gekleidet durch den Urwald, so wie Gott sie schuf: Mit Vollkörperbehaarung.

Aber nicht nur das. Tiere haben den großen Vorteil gegenüber uns Menschen, dass sie gar keine Beinkleider benötigen. Sie sind perfekt, so wie sie sind. Müssen sie sich schützen, sind ihre Beine von Natur

© Martin Ebner

Beinkleider vom Ritter bis zum Zebra

aus gepanzert oder zumindest mit einer dicken Schutzschicht überzogen, an der sich ihre Feinde leicht die Zähne ausbeißen können. Müssen Tiere wie der Gepard rasend schnell über die Steppe rennen, dann benötigen sie keine im Windkanal getesteten, eng anliegenden Hosen wie ein Skirennfahrer, sondern nur einen fellüberzogenen Bewegungsapparat, der ihnen Höchstleistungen ermöglicht (nackig wäre die Abfahrt in Kitzbühel gegen die windschlüpfigen Hosen aber auch nicht zu gewinnen). Und stolpert Waldi, unser alter Försterhund, beim Laufen durch Wald und Flur über seine krummen Läufe, dann flucht er nicht und will auch nichts kaschieren, sondern steht ganz schnell wieder auf und läuft weiter. Auch Flamingos packen ihre langen Ständer nicht mit Seegras ein, wenn sie zur Balzzeit ihre Tanzchoreografie zeigen. Im Gegenteil, sie stolzieren um ihre Angebetete herum und zeigen Bein.

Und nicht zuletzt sind die natürlichen Beinkleider von vielen Wildtieren ein hervorragendes Tarnmuster. Die Läufe einer Wildschweinrotte lassen sich im dunklen Stangenholz kaum von den Baumstämmen unterscheiden, und die schwarz-weiße Musterung der Zebras verwischt sich im afrikanischen Busch in der gleißenden Mittagssonne perfekt mit der Umgebung. Wie armselig wirken da wir Menschen. Damit uns das Wild auf der Jagd nicht bemerkt, müssen wir Jäger beim nächsten Jagdausrüster eine Camouflage-Hose kaufen. Wobei ein Paar natürlich nicht ausreicht, denn wir gehen ja im Sommer, Herbst und Winter zur Jagd und brauchen dafür an unseren Beinen die Farben und das Muster der entsprechenden Jahreszeit. Wäre doch schön, wenn uns die Evolution endlich ermöglichen würde, chamäleongleich unsere Erscheinung der Umgebung anzupassen.

Jägers Traum: beim Ansitz chamäleongleich auf Beute lauern zu können

Radio Eriwan

Das waren noch Zeiten, als im 15. Jahrhundert unsere Jägervorfahren mit Vorderlader, umgehängtem Schwarzpulverhorn und Bleikugeln in der Tasche den wilden Ebern nachstellten. Denn sie mussten ran an die begehrte Beute, um möglichst einen sicheren Schuss antragen zu können. War man bei der Schussabgabe etwas zittrig – heute sprechen wir von Jagdfieber – und traf der erste Schuss nicht tödlich, war guter Rat teuer. Das Überleben war nur garantiert, wenn man entweder den nächsten Baum hochklettern oder dem Urian die Saufeder durch die Rippen stoßen konnte. Zum Nachladen blieb keine Zeit. Deshalb galt ein Jäger bis gegen Ende des 19. Jahrhunderts nicht nur als besonders mutig, sondern auch als Beschützer seiner Mitmenschen und deren Nutztieren vor den gefräßigen Großraubtieren. Man denke nur an die Märchen der Gebrüder Grimm.

Saujagd mit Saufeder, nichts für schwache Nerven

Was wäre mit Großmutter und Rotkäppchen geschehen, wenn nicht zufällig ein Jäger das vermeintliche Schnarchen der Alten gehört und den Wolf wohlüberlegt zur Strecke gebracht hätte? Wolfsfutter wären die beiden geworden. Es kam glücklicherweise anders. So heißt es im Märchen: *„Nun wollte er seine Büchse anlegen, da fiel ihm ein, der Wolf könnte die Großmutter gefressen haben und sie wäre noch zu retten, schoss nicht, sondern nahm eine Schere und fing an, dem schlafenden Wolf den Bauch aufzuschneiden. Wie er ein paar Schnitte getan hatte, da sah er das rote Käppchen leuchten, und noch ein paar Schnitte, da sprang das Mädchen heraus und rief: „Ach, wie war ich erschrocken, wie war's so dunkel in dem Wolf seinem Leib!“* Alle waren überglücklich, und wenn sie nicht gestorben sind, dann leben sie noch heute.

Tempi passati! Heute leben Jäger wie Politiker in einem Anerkennungsnotstand. Wer sich für eine solche Laufbahn entscheidet, ist entweder psychiatriebedürftig oder ein Masochist. Zwar wollen uns unsere Jagdverbände immer wieder glauben machen, wie anerkannt wir in der Öffentlichkeit seien und belegen das mit Umfragezahlen: So betrachten 89,9 % der Bevölkerung Jägerinnen und Jäger als Heger und Pfleger, und 86,9 % aller Befragten sind der Meinung, dass Wildbestände reguliert werden müssen. Möchte ich aber einen Wolf schießen, um Rotkäppchen zu schützen, oder erlege ich ein Reh, das nach einer Flucht von 30 Metern dummerweise vor den Füßen eines urbanen Waldspaziergängers tot hinfällt, bin ich schießwütig oder ein Bambi Mörder. Bestimmt aber kein Menschenretter oder Wildtiermanager.

Deshalb ist guter Rat teuer, vor allem, wenn dieser neutral sein soll. Da gibt es nur eines: Alte, bewährte Informationskanäle anzapfen. Wie wär's mit Radio Eriwan, diesem fiktiven Kultsender der zweiten Hälfte des 20. Jahrhunderts, der Anfragen besorgter Bürger kompetent beantwortete und mit viel Witz den sowjetischen Alltag auflockerte. So bekam beispielsweise Bauer Iwan auf die Frage: *„Stimmt es, dass Adam und Eva die ersten kommunistischen Menschen waren?“* die Antwort: *„Im Prinzip ja. Sie hatten nichts anzuziehen, keine eigene Wohnung und glaubten trotzdem, im Paradies zu sein!“* Weshalb sollte ob so viel Kompetenz Radio Eriwan nicht auch meine aktuelle, jagdpolitische Frage beantworten können, die da lautet: „*Welcher ist der bessere Mensch: Der Metzger, der ein sieben Monate altes, auf Vollspaltenboden gehaltenes, armes Schwein schlachtet, das vollgestopft mit Wachstumshormonen 500 Kilometer weit herangekarrt wurde, oder der Jäger, der einen siebenjährigen, glücklichen Rehbock erlegt und diesen in der Region als Bioprodukt verkauft?*“ Einen Tag später kam die Antwort: „*Im Prinzip der Jäger, aber nur, wenn er den Rehbock vor dem Schuss mit Lachgas narkotisiert.*“ Jetzt stellt sich nur noch die Frage, woher ich Lachgas bekomme und wie ich es anwenden soll. Ersteres ist kein Problem: Der Zahnarzt hat es, um seine Patienten glücklich zu machen. Inhalative Lachgassedierung nennt er das. Und der Dessertliebhaber kennt es vom Schlagrahmbläser (Sahnespender) her, der ihm dank Lachgas ein wunderschönes Sahnehäubchen auf seine Süßigkeiten zaubert. Wie aber das Gas aus der Kapsel in den Windfang des Rehbockes bringen? Näher ran, wird die Devise sein. Und dann den Überraschungsmoment ausnützen: Lacht der Bock überglücklich, fällt der Schuss. Und alle sind zufrieden, der Rehbock wie der Jäger und hoffentlich auch die Tierschützer.

Jagen ist ein Ur-Handwerk – stehen wir dazu!

Jäger gesucht

Gemäß einer Umfrage des Deutschen Jagdverbandes (DJV) haben Jägerprüflinge zu ihrem Motiv, Jäger zu werden, folgende Antworten gegeben (Mehrfachnennungen): 77 % „gerne in der Natur“, 54 % „Jagd ist angewandter Naturschutz“, 50 % „Freude an der Jagd“, 47 % „esse gerne Wild“, 20 % „Familientradition“, 18 % „Jagdhundeausbildung“, 6 % „Interesse an Waffen“ und 5 % „wichtig für den Beruf.“ Solche Antworten hört man auch von gestandenen Jägern, wenn sie von einem nichtjagenden Mitmenschen oder gar einem Medienschaffenden zu ihrem Tun befragt werden. Und sollte unser Gegenüber dann immer noch mit einem Fragezeichen auf der Stirne in den Wald schauen, weil er/sie gerade mitbekommt, wie wir bis über das Handgelenk hinaus im Brustraum eines eben erlegten Rehes handwerken, um demselben Geräusch, Pansen und Gescheide zu entnehmen, wird häufig nachgeschoben: Wir haben einen staatlichen Auftrag und müssen den Wald vor den gefräßigen Mäulern, ääh, Äsern von Reh- und Rotwild schützen. So gut so schlecht. Oder krass ausgedrückt: Nicht einmal die Hälfte aller Jungjäger macht gemäß DJV die Prüfung, um sich am jagdlichen Handwerk zu erfreuen, die große Mehrheit aber wegen schöner Sonnenauf- und -untergänge sowie dem Zwitschern der Vögel.

Jagen sei ein archaisches Handwerk, sagen zu Recht unsere Verbandsoberen. Dann seien wir aber auch Handwerker und stehen dazu. Kein Schreiner würde sagen, er liebe seinen Beruf, weil er gerne Holzwürmer züchte. Nein, er ist Schreiner, weil er gerne mit Holz arbeitet und sich freut, wenn ihm die Hobelspäne um die Ohren fliegen. Auch die Hebamme hat sich für ihren Beruf entschieden, weil sie das Wunder „Menschwerden“ fasziniert, und nicht, weil sie damit dem Staate möglichst viele wertvolle Steuerzahler verschaffen will.

Jagen bedeutet gemäß Duden „Wild verfolgen, um es zu töten oder zu fangen.“ Und Wikipedia, die Bibel des Internetzeitalters, schreibt:

„Jagd ist das Aufsuchen, Nachstellen, Fangen, Erlegen und Aneignen von Wild durch Jäger. Weidwerk ist das Handwerk des Jägers." In der Kulturgeschichte des Menschen war die Jagd ein wesentliches Element. Sie sicherte ihm als Jäger und Sammler bis vor wenigen tausend Jahren das Überleben. Will heißen: Keiner der bei der DJV-Umfrage genannten stimmigen und schützerischen Gründe motivierten den Steinzeitjäger zum Jagen. Man stelle sich vor: Der Ur-Jäger kommt nach drei Tagen Jagd mit leeren Händen zurück zur Höhle und erzählt seiner Sippe, die Sonnenauf- und -untergänge seien wunderschön gewesen, die Grillen hätten wie ein Symphonieorchester gezirpt und all die Bambis in der weiten Savanne hätten ihn an den Garten Eden erinnert. Kurz, es seien drei Tage der wunderbarsten Naturerfahrung gewesen. Die leeren Mägen hätten ihn wohl verständnislos angeknurrt, seine Auserwählte hätte ihm den blanken Bratspieß aus Eibenholz in die Brust gerammt und sich samt ihrem Geheck dem erfolgreichen Jäger und Junggesellen in der Nachbarhöhle anvertraut.

Ja, jagen ist ein archaisches Handwerk. Ja, wir müssen nicht mehr jagen, um unsere Sippe zu ernähren, denn das Industrieschnitzel können wir viel günstiger vakuumiert beim Großverteiler kaufen. Dabei werden unsere Hände nicht einmal mehr blutig. Trotzdem: Jagen, und damit Beute machen, bereitet uns Freude. Nein, wir empfinden keine Lust beim Töten, aber ein Glücksgefühl, wenn wir mit gutem Schuss den Rehbock auf die Decke oder die Sau auf die Schwarte legen konnten. Ja, wir träumen vom Jagen und genießen den selbst geschossenen Rehpfeffer. Und selbstverständlich spielt bei all dem auch ein stimmiges Naturerlebnis eine wichtige, aber nicht die entscheidende Rolle.

Und so gilt: Wenn ich meine Büchse aus dem Waffenschrank nehme und anschließend einen Hochsitz besteige, dann tue ich das, weil ich jagen und Beute machen will und nicht wegen einem großartigen Naturerlebnis, das dort auf mich wartet. Auch nach zehn erfolglosen Ansitzen werde ich das elfte Mal mein Gewehr wieder mitnehmen, weil ich eben in erster Linie Jäger und kein Naturschützer bin. Kommt hinzu, dass unser Wildfleisch unheimlich gut schmeckt, mehr als Bio ist, fair gehandelt sowie regional gewonnen und vermarktet wird. Stehen wir auch dazu!

Bums vorbei

Es ist Mitte April 2020 und auch wir Jäger stecken mittendrin in COVID-19. Seit Monaten hören wir nur noch von der Pandemie, am Morgen beim Aufstehen und Einschalten des Radios, am Abend beim Hören der Kinderstunde. Die Bombardierungen in Syrien und die Wildschweine an der polnisch-deutschen Grenze mit ASP, auch so ein gefräßiger Virus, alles Schnee von gestern. Jetzt ist „COVID-19" der meistgegoogelte Suchbegriff und nicht mehr „Wie werde ich Millionär". Dabei ist dieses Virus so etwas von unsichtbar und nicht einmal ein Lebewesen. Dieser Meinung sind jedenfalls die Virologen. Man kann die Viren aber zumindest als „dem Leben nahestehend" betrachten. Wie dem auch sei, Tierchen oder nicht Tierchen, unter dem Mikroskop sehen sie wunderschön aus, sind aber im realen Leben aktuell „die größte Bedrohung der Menschheit".

Dabei fing alles so friedlich an, zumindest für uns Europäer. Weit, weit weg im Osten gibt es ein Land, das nennt man China. Die Chinesen, 1,5 Milliarden an der Zahl, sind ein besonderes Völkchen. Sie sind arbeitsam, tragen häufig einen Mundschutz, weil die Luft in ihren Großstädten grottenschlecht ist und haben besondere Essgewohnheiten. Ihre Vorliebe gilt allem, was in der freien Natur so kreucht und fleucht. Und sie kaufen dieses Alles auf ihren großen Märkten. Beispielsweise Fledermäuse. Diese Viecher sollen, so jedenfalls eine mögliche Erklärung, COVID-19 auf den Menschen übertragen haben. Andere sind der Ansicht, dass das Gottes Strafe an den Menschen sei, weil diese mit der Natur derart zerstörerisch umgehen würden. Nur die Chinesen wissen ganz genau, wie der Hase gelaufen ist. Kein Geringerer als der GröSaZ (Größte Schwätzer aller Zeiten) soll dem CIA unter dem Decknamen „America first" den Auftrag gegeben haben, eine Division mit COVID-19 infizierter Flughunde über den großen Teich ins Reich der Mitte zu verschieben. António Guterres,

Generalsekretär der UNO, hat das zwar umgehend dementiert und der Klimaerwärmung die Schuld in die Schuhe geschoben.

So oder so: Ob Gott, GröSaZ, Flughunde oder Klima, jetzt haben wir die Bescherung und müssen damit klarkommen. Aber was geht das uns Jäger an? Vordergründig gar nichts, auf den zweiten Blick sehr viel. Wir erinnern uns: Ende der Neunzigerjahre des letzten Jahrhunderts fielen plötzlich Vögel vom Himmel. Der Grund war schnell ge-

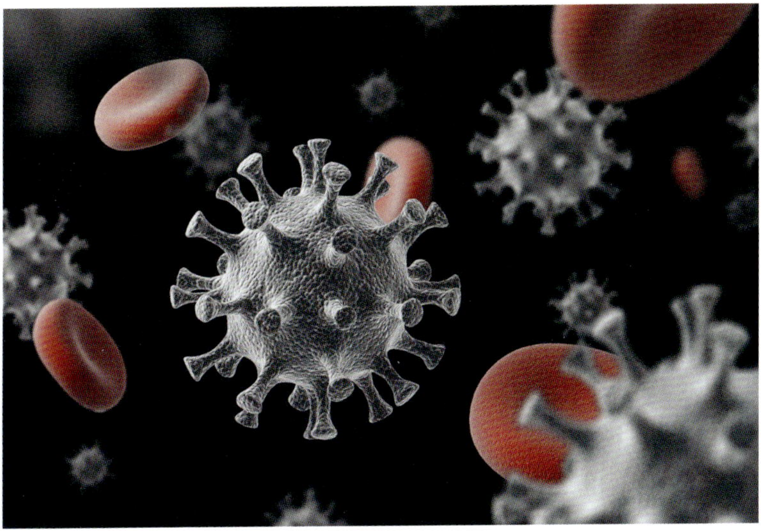

© Koksharov/ Shutterstock

Coronavirus – wunderschön, aber gefährlich

funden. H5N1 hieß das Zauberwort, im Volksmund „Vogelgrippe". Wir Jäger mussten ausrücken und alles vom Himmel herunterholen, was etwas wackelig dahergeflogen kam. Bums, eine Eiderente, Bums eine Schnepfe, Bums ein Graureiher. Geschützt oder jagdbar war keine Frage mehr, 3 mm Schrote waren gefragt, und der Schutz der Geflügelzuchtanlagen hatte erste Priorität. Das Virus war zwar, wie heute COVID-19, für das menschliche Auge unsichtbar, doch es manifestierte sich fliegenderweise in der Form seines Trägers als Federvieh am Himmel.

Mit COVID-19 ist alles völlig anders. Wir hocken zu Hause, der Feind ist in uns, die Schießstände sind geschlossen, bald geht die Rehbockjagd auf. Und es gilt „Bums vorbei“, Hahn in Ruh. Denn, kaufen Sie mal Munition beim Waffenhändler! Laden geschlossen. Und ohne Munition kein Bums, kein Einschießen, kein Schießnachweis, rein gar nichts. Die Einsicht, man hätte vor ein paar Wochen lieber eine Schachtel 7x64 als WC-Papier gehamstert, kommt zu spät. Ja, möglicherweise hat der Jagdkollege noch ein paar Patronen übrig, das Stück für 15 Euro. Aber vielleicht schießt der bleifrei und nicht mehr Teilmantel Rundkopf wie Sie. Wieder nichts. Und so werden Sie beim Aufgang der Bockjagd zwar gewohnheitsmäßig mit Waffe und geschärftem Messer auf der Kanzel sitzen, den abnormen Prachtbock jedoch auf 50 Schritte unbeschossen vorbeiziehen lassen. Vielleicht reicht es gerade noch für ein Fotoshooting. Deshalb mein Tipp: Entscheiden Sie sich für „Bums vorbei“, fordern Sie vom Verpächter des Reviers einen Aufschub des Pachtzinses und widmen Sie sich als Angehöriger der besonders gefährdeten Altersgruppe 65+ den Revierarbeiten: Salzlecken anlegen, Pirschsteige rechen und endlich mal am Zwangswechsel zum Nachbarrevier eine Kanzel aufstellen. Sind sie noch jünger und fit, dann nehmen Sie sich bitte des jagdlichen Nachwuchses an. Diana und Hubertus sind wunderschöne Namen, jedenfalls stimmiger als Corona.

Von Märchen, Wölfen und der Jagd

Es war einmal ein junger Jäger, der hatte seine Tiere im Wald und seine Frau und seine Kinderchen so lieb gewonnen, dass er seinen Carbon-Repetierer an den Nagel hängen und nur noch einer sittsamen Beschäftigung nachgehen wollte. Er machte deshalb eine Anzeige in der Jagdzeitschrift „Weidmannsheil“ und bot dort all seine Jagdgeräte und Kleider zum Verkaufe an. Doch niemand meldete sich, denn alle Jäger des Landes wollten ihre Gewehre verkaufen, und wenn sie nicht gestorben sind, dann wollen sie das auch heute noch.

Wenn Sie nun glauben, das sei ein modernes Minimärchen über Jagd und Jäger, das Sie aus dem Internet herunterladen und viral Ihren Jagdkolleginnen und -kollegen weiterleiten können, muss ich Sie arg enttäuschen. Weder YouTube, Netflix noch andere Streamingdienste haben es in ihrem Programm. Mehr noch, wenn Sie daran glauben, dass sich solches im 21. Jahrhundert nicht nur zuträgt, sondern von den Videokonsumenten auch verlangt wird, sitzen Sie im falschen Kino. Denn heute sind im Internet keine Jägermärchen, sondern Jäger-Bashing angesagt. Das tönt dann in etwa so, kopiert aus Facebook: *„Das Tier (ein Waschbär) sollte ins Tierheim kommen, kam dort aber nie an, sondern geriet vor die Flinte eines Stadtjägers. Sollte dieser mal betrunken aus einer Kneipe taumeln, mal schauen wie er reagiert, wenn ihn jemand mit einem Gewehr erschießen würde. Ich hoffe, dass du einen grausamen und widerwärtigen Tod erleiden wirst.“* So tönen die modernen Geschichten rund um Jagd und Jäger. Das war aber mal anders.

Das Rotkäppchen

In diesem Märchen ist der Jäger der Inbegriff des Guten und der Wolf verkörpert das Böse, Verschlagene. Deshalb haben Generationen von Menschen eine Wolf-Phobie, die sie auch heute noch bis ins höchste Alter begleitet. Taucht einmal ein realer Wolf in der Gegend auf, werden sie von Angstzuständen ergriffen und rufen nach dem Jäger. Ist der Wolf dann tot, mailen sie den Medien einen Videoclip, auf dem das Gemetzel zu sehen ist. Natürlich endet auch im Märchen die Geschichte für den Wolf tödlich, doch der Jäger erledigt seinen Job überlegt, professionell und wird zum Schluss vom Rotkäppchen und der Großmutter mit Kuchen und Wein verwöhnt. So heißt es in der Version von Ludwig Bechstein (1801 bis 1860): „*Schon legte der Jäger an, da fiel ihm ein: Halt, die Alte ist nicht da, am Ende hat der Unhold sie mit Haut und Haar verschlungen, war ohnedies nur ein kleines dürres Weiblein. Und da schoss der Jäger nicht, sondern er zog seinen scharfen Hirschfänger und schlitzte ganz sanft dem fest schlafenden Wolf den Bauch auf.*" Und am Ende des Märchens: „*… und alle drei, der Jäger, die Großmutter und das Rotkäppchen, tranken den Wein und aßen den Kuchen und waren seelenvergnügt.*" Also ein richtiges Happy End, außer für den Wolf.

Ei, Großmutter, was hast du für große Ohren?

Mehrere Generationen von Erzählern, Gedichteschreibern und Komikern nahmen sich des Themas an. Im 20. Jahrhundert wurde Rotkäppchen immer selbstbewusster, witziger und eigenständiger. Deshalb brauchte es als Retter keinen Jäger mehr. Rotkäppchen nahm sein Geschick selber in die Hand. Bei James Thurber *The Little Girl and the Wolf* zieht es in echter Westernmanier eine Pistole und erschießt den Wolf. Und beim Komiker Otto Waalkes krault es zum ertrinkenden Wolf, „*greift ihn am Schopf oder meinetwegen auch hinten am Schwanz. Beide erreichen das Ufer. Ein wunderschöner Prinz steht vor ihr, mit kurz geschorenem blondem Haar, metallique blauen Augen. Und er spricht zu Rotkäppchen mit sanfter Stimme. Siehst du Rotkäppchen, Märchen haben auch ihre schönen Seiten. Kannst du mich nun loslassen?*“ Weit und breit kein Jäger mehr. Für was auch, wenn Frau den Mann stellt und den Wolf zur Strecke bringt oder diesen zum Prinzen macht.

Von Romulus und Remus …

Das Image des Wolfes war nicht immer derart schlecht, wie in den vergangenen Jahrhunderten. Indigene Völker, die von der Jagd lebten, verehrten den Wolf, dessen Ausdauer sowie sein Geschick beim Jagen. Er war zwar durchaus ihr Konkurrent, da es jedoch genügend

La Lupa, Ersatzmutter für Romolus und Remo

Wildtiere gab, teilte man die Beute mit ihm. In der Zeit der Christianisierung, im Mittelalter und in der frühen Neuzeit nahm die Angst vor der „reißenden Bestie" laufend zu. Im Alten und Neuen Testament wird Isegrim meist hinterhältig und teuflisch beschrieben, so beispielsweise im Matthäus-Evangelium 7,15: *„Hütet euch aber vor den falschen Propheten, die in Schafskleidern zu euch kommen, inwendig aber sind sie reißende Wölfe."*

Andererseits, was wäre heute Rom, die Ewige Stadt, ohne die Wölfin – verewigt als „Lupa Capitolina" und ausgestellt im Palazzo dei Conservatori, Sala della Lupa – welche gemäß der Legende die auf dem Tiber ausgesetzten Zwillinge Romulus, den Namensgeber der Stadt, und Remus gesäugt hat? Vielleicht ein kleiner Marktflecken am Tiber. Aber es gäbe wohl keinen Trevi-Brunnen, kein Kolosseum und auch keinen Vatikan. Die Wölfe hatten im alten Rom jedoch keine Zukunft und mussten den Menschen weichen. Erst im Jahr 2017 – Italien hatte 1972 die Wölfe unter Schutz gestellt – bildete sich am Stadtrand von Rom wieder ein Wolfsrudel. Die Römer feierten, die Viehzüchter bangten um ihre Tiere und die Wölfe fraßen, nein, keine Rotkäppchen, sondern fast ausschließlich Wildschweine.

… bis zu M118

In der Schweiz tauchten die ersten Wölfe aus der Apenninregion im Jahr 1995 auf. Zuletzt genetisch nachgewiesen wurde am 14. 11. 2019 das Männchen M118 im Kanton Wallis. In Österreich kamen die Wölfe sowohl aus dem Osten als auch aus dem Süden, und in Deutschland wurde das erste Rudel im Jahr 2000 in der Lausitz festgestellt. Seither haben sich die Wölfe im deutschsprachigen Raum etabliert, Rudel haben sich gebildet, und einzelne junge Männchen werden auf ihrer Suche nach einem neuen Revier weitab von ihrem Geburtsort gesichtet. Je nach Quelle – Staat, Naturschutz, Jäger, Schaf- und Ziegenhalter – spricht man in Deutschland von 1000–2000 Wölfen, in Österreich sollen es weniger als 20 sein und in der Schweiz zwischen 80 und 100. Die Bestände wachsen jedenfalls zurzeit exponentiell. Und damit sind Probleme vorprogrammiert. Denn eines ist klar: Wölfe sind auch Anfang des 21. Jahrhunderts keine Vegetarier. Sie brauchen Fleisch – zwar keine pausbackigen Rotkäppchen – aber Fleisch von Hirschen, Rehen, Wildschweinen sowie Schafen und Ziegen. Solange sie nur Wildtiere verspeisen würden, wäre das den meisten Bürgern wohl egal. Denn die Jäger selber haben ja jahrzehntelang verkündet,

Wölfe sind keine Vegetarier.

dass es die Jagd unter anderem brauche, weil es keine Großraubtiere mehr gäbe. Jetzt sollen die Weidmänner und -frauen damit leben und die Beute mit Wolf und Luchs teilen. Meint jedenfalls Lieschen Müller und genießt in vollen Zügen die im Zweiwochentakt über die Fernsehsender ausgestrahlten Naturfilme, die uns in HD-Qualität die vierpfotigen Räuber in die gute Stube bringen. Wenn dann gezeigt wird, wie ein Wolfsrudel geschickt ein Rudel Rotwild einkreist und mit Erfolg ein Kalb reißt, dann greift Lieschen zur Rückspultaste, um sich die Sequenz mit den in die Keule und den Träger sich bohrenden Fangzähnen nochmals genau anschauen zu können. Vergreift sich Isegrim jedoch an ein paar Schafen auf der Alm und zeigen die Bilder tot herumliegende Tiere mit blutigem Fell, verlässt die Naturfreundin rasch die Fernsehstube, um aus der Küche ein Sack Chips zu holen. Denn Lammsteaks lieben Lieschen und ihr Mann über alles, und deshalb ist es jammerschade, dieses hochwertige Nahrungsmittel Wölfen zu überlassen. Noch schlimmer: Sollten Wölfe gar, hungergeplagt, nachts am Dorfrand durch eine Einfamilienhaus-Siedlung streifen, weckt das gleich wieder Erinnerungen an die Kindheit und das Märchen vom Rotkäppchen, und der Ruf nach dem Jäger und dem Abschuss der Räuber wird überlaut.

Aber keine Angst, weder werden in den nächsten Jahren unsere mitteleuropäischen Wölfe wieder ausgerottet – dafür sorgen die Berner Konvention, das EU-Recht und die urbane Bevölkerung –, noch ist damit zu rechnen, dass massenhaft Rotkäppchen und Großmütter im Rachen von Wölfen enden. Zu schlecht sind die damit gemachten Erfahrungen der Vierbeiner. Auch Rot-, Schwarz- und Rehwild werden von den Graupelzen nicht ausgerottet, denn es ist davon auszugehen, dass Letztere sorgsamer mit ihrer Lebensgrundlage umgehen, als wir Menschen das im Allgemeinen tun. Auch die Schafbesitzer werden damit leben können, ab und zu eines ihrer Schafe den Wölfen und Luchsen zu opfern, solange sie die Schafhaltung vom Staat subventioniert bekommen. Und den Jägern wird ebenfalls ein Teil an der Beute und damit die Freude an der Jagd bleiben.

Gar lustig ist (war) die Jägerei

Dieser Text aus dem Lied vom „Jäger aus Kurpfalz“, einem auch heute noch bekannten deutschen Volkslied, zeigt, mit wie viel Vergnügen die Jagd im 18. Jahrhundert verbunden war. Und zwar nicht nur beim Jagen auf den edlen Hirsch. Denn die dritte Strophe handelt vom „*Mägdlein, das war achtzehn Jahr*“, das dem Jäger begegnet, und dann in den zwei weiteren Strophen unverhohlen „zur Strecke gelegt“ wird. So etwas findet in der heutigen Zeit natürlich keinen Anklang mehr, weshalb diese drei Strophen in neueren Liederbüchern nicht mehr abgedruckt werden.

Ja, die Zeiten haben sich geändert, und so hat die Jagd verbunden mit Wein, Weib und Gesang sowie fürstlichen Prunkanlässen heu-

Eingestelltes Jagen bei Moritzburg 1718

te keine Daseinsberechtigung mehr. Auch der große Schriftsteller und Jäger Ernest Hemingway und einige testosterongeplagte Klein-Hemingways waren im vergangenen Jahrhundert nur noch die letzten Dinos zum Thema „Jagd, Alkohol und Frauen". Heute ist die Jagd nicht mehr das Privileg elitärer Kreise, denn Jägerinnen und Jäger kommen aus allen Bevölkerungsschichten. Und die Jagdverbände bemühen sich, die Jäger als Natur- und Artenschützer darzustellen, welche ihrem Handwerk mit hohem Verantwortungsbewusstsein nachgehen. Insbesondere wird immer wieder betont, dass die heutige Jagd nachhaltig sei, indem sie natürliche Ressourcen nur soweit nutze, als es diese zuließen. Im Weiteren soll die Jagd kompetent, verantwortungsbewusst und leidenschaftlich ausgeübt werden. Mit Respekt vor den Wildtieren, aber auch gegenüber der nichtjagenden Bevölkerung. Für „Jagd Österreich" sind besonders wichtig *„die hohe Achtung und der große Respekt gegenüber Flora und Fauna. Das bedeutet, sich an den Prinzipien der Weidgerechtigkeit* (jagdliche Ethik) *zu orientieren und unter anderem Tiere möglichst unmittelbar und ohne unnötige*

Qualen zu erlegen." Letzteres schreibt auch das Tierschutzgesetz vor und anerkennt das Töten von Tieren im Rahmen weidgerechter Jagd – wohlgemerkt ohne vorgängige Betäubung – als vernünftigen Grund für das Töten eines Tieres. Auch JagdSchweiz tritt für *„die Bejagung von Wildtieren nach den Prinzipien der Ethik und des Tierschutzes ein.*" Bei so viel Ethik sollte man davon ausgehen dürfen, dass heute rund um die Jagd alles in Ordnung ist und die Minderheit „Jäger" von der Gesellschaft zwar nicht unbedingt mit vielen Streicheleinheiten überhäuft wird, aber bei dieser doch eine große Akzeptanz genießt. Das ist nicht der Fall. Zwar ist die Jagd als Ganzes mehrheitlich unbestritten, doch geht man ins Detail, kann es kritisch werden. Jagdmethoden wie die Baujagd, der Abschuss von Wildtieren, die auf der roten Liste stehen, der Einsatz technischer Hilfsmittel, die Verwendung von Schrot bei der Rehwildbejagung usw. können zwischen Jägern und Nichtjägern rasch zu hitzigen Diskussionen führen. Da hilft dann auch nicht weiter, wenn man den Begriff „Weidgerechtigkeit" ins Spiel bringt, die durch uns Jäger gelebt wird und weit über gesetzliche Vorschriften hinausgeht.

Rettet die Weidgerechtigkeit die Jagd?

Bevor wir dieser Frage nachgehen, sollten wir zuerst einmal wissen, was der Begriff „Weidgerechtigkeit" überhaupt bedeutet. Klar ist, dass man Weidgerechtigkeit als jagdliche Ethik bezeichnen kann, die von der Mehrheit der Jäger bei ihrer Tätigkeit befolgt wird. Ebenso klar ist aber, dass der Begriff nicht statisch ist, sondern sich über die Zeit ändert und mit neuen Inhalten gefüllt wird. So hielten die Jäger zu Beginn des 20. Jahrhunderts die Verwendung von Tellereisen zum Fang von Füchsen durchaus als weidgerecht und bis Mitte des vorigen Jahrhunderts das Vergiften von Greifvögeln wie Adler und Bussarde als Hegemaßnahme. Schließlich ging es darum, das Nutzwild wie Hasen, Fasanen und Rebhühner vor diesen „argen Räubern" zu schützen. Heute sind solche Methoden tabu. Noch erlaubt und weitgehend als weidgerecht empfunden wird unter Jägern die Baujagd mit Hunden auf Fuchs und Dachs. Dass es dabei zu Verletzungen bei den Jagdgehilfen kommen kann, ja, diese sogar in Lebensgefahr geraten können, zeigt die Praxis. Da wir das bewusst und unnötigerweise machen – Füchse können ebenso erfolgreich, vielleicht mit etwas mehr Aufwand, auf dem Ansitz und bei Drückjagden erlegt werden – verstoßen wir gegen die Weidgerechtigkeit. Insbesondere dann, wenn wir die traditionelle Weidgerechtigkeit mit dem Begriff der ökozentrischen (Begriff aus der Umweltdiskussion, nach dem der Mensch gegenüber anderen Arten keine vorrangigen Rechte an der Natur genießt) Jagdethik erweitern. Oder: Weshalb finden wir es richtig und weidgerecht, einem erlegten Stück Schalenwild den letzten Bissen in den Äser zu schieben, dem erlegten Fuchs jedoch nicht? Noch schlimmer, diesen nach dem Abschuss in einen Plastiksack zu stecken, um ihn in der nächsten Tierkörpersammelstelle zu entsorgen. Und weshalb empfinden wir es heute als weidgerecht, Wildschweine in stockdunkler Nacht mit Hilfe eines Nachtsichtzielgerätes zu erlegen – noch vor zwanzig Jahren wäre das undenkbar gewesen – gleichzeitig aber diese *„effiziente Jagdmethode“*, so die Werbung, dem Rehwild nicht angedeihen zu lassen? Heiligt der Zweck – Vermeidung von Wildschaden – die Mittel?

Nach Monika Elisabeth Reiterer (Ärgernis Jagd? Leopold Stocker Verlag) umfasst weidgerechtes Benehmen die folgenden drei, nicht in Jagdgesetzen festgelegten, Verhaltensnormen:

1. *Den Umgang der Jäger mit dem Wild sowie mit ihren tierischen Jagdgehilfen und mit Jagdgerät*
2. *Das Benehmen der Jäger untereinander und das Verhalten der Jäger im Umgang mit Nichtjägern*
3. *Das Verhalten der Jäger gegenüber der nicht-jagdbares Wild umfassenden Natur*

Dass der Inhalt dieser Normen nicht für ewig festgeschrieben werden kann, sondern sich mit unserem Wissen, unseren Möglichkeiten und mit unserer Gesellschaft verändern wird, leuchtet ein.

Deshalb wird die gelebte Weidgerechtigkeit von heute – und schon gar nicht jene von gestern – die (Miliz-)Jagd nicht in die nächsten Jahrzehnte hinüberretten können. Nach Monika Reiterer *„benötigt die* *bisherige Weidgerechtigkeit ein „Aggiornamento" (Anpassung an heutige Verhältnisse) mit Augenmaß, denn es geht dabei um einen Wertekatalog, der mehr denn je im sozialen und kulturpolitischen Kontext und somit im Bezug zur nicht jagdausübenden Öffentlichkeit gesehen werden muss."*

Ein Blick in die Kristallkugel

Eine Prognose zu wagen, vor allem in die Zukunft, ist immer schwierig. Eines ist jedoch klar: Die Jagd wird im Jahr 2050 nicht mehr so aussehen wie heute. Das mag die Mehrheit der heute aktiven Jäger wenig bewegen, denn dannzumal sind wir älteren Semester bereits zur Strecke gelegt. Das sollte uns aber nicht daran hindern, uns für eine jagdliche Zukunft einzusetzen und für ein jagdliches Umfeld Sorge zu tragen, in dem unsere Nachkommen mit Begeisterung, Leidenschaft, Kompetenz und Augenmaß unserem Handwerk nachgehen können.

Wenn sich unsere Gesellschaft, unsere Umwelt sowie die Weltbevölkerung weiterhin so rasant verändern wird wie in den letzten 20 Jahren und der Druck auf unsere Lebensweise durch den Klimawandel noch zunimmt, hält man in 30 Jahren keine Nutztiere mehr zur Fleischproduktion. Dann werden die pflanzlichen Agrarprodukte direkt auf unserem Teller landen und nicht mehr als „veredeltes" Kotelett über den Umweg eines Schweinemagens. Was dannzumal als Fleisch gegessen wird, stammt aus pflanzlichem Eiweiß, aus Insektenzuchten oder aus tierischen Stammzellen, die im Labor heranwachsen. Wenn wir im Jahr 2050 eine Einladung haben und unsere Gäste besonders verwöhnen wollen, bestellen wir bei eat@home einen Rehrücken aus dem 3-D-Drucker. In einem solchen Umfeld haben heutige Pro-Jagd-Argumente wie *„Wir ernten nachhaltig feinstes Biofleisch"* oder *„Wildtiere sind hormonfrei"* oder *„Wildtiere haben keinen Schlachtstress"* einen schweren Stand, ja, sind überflüssig geworden. Denn weshalb soll eine Weltbevölkerung von 10 Milliarden Menschen, die sich keine Rinder, Schweine und Hühner mehr zur Fleischgewinnung hält, Schlachthöfe zu Grünanlagen und Viehställe zu horssol Plantagen zurückbaut, wo Pflanzen in Nährlösungen gezogen werden, eine absolute Minderheit

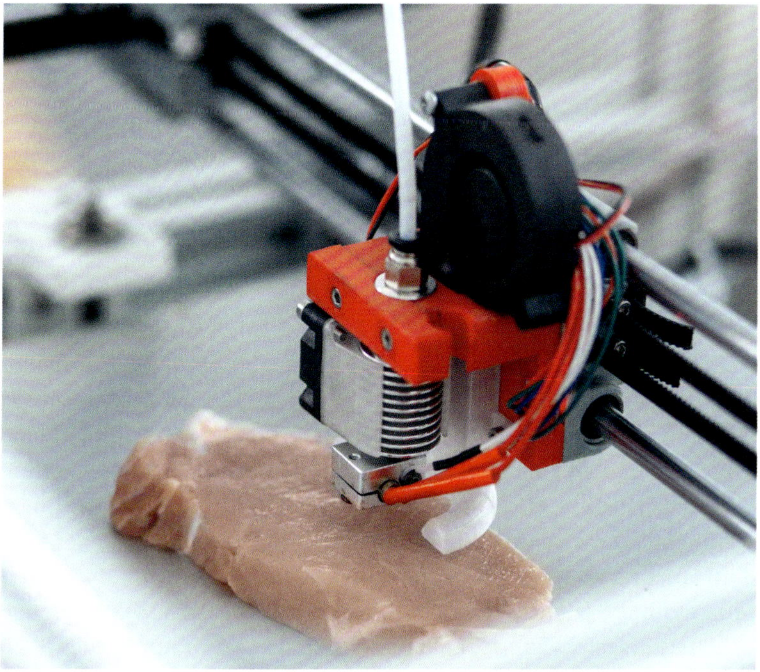

© Zinkevych/ Shutterstock

Fleisch aus 3-D-Drucker

von Menschen noch tolerieren, die seltsam bekleidet und bewaffnet durch Feld und Wald streift, um ab und zu einem Wildtier aus *„Leidenschaft und Passion“* eine Kugel aufs Fell zu brennen? Ein kleiner Lichtblick, eher ein Lichtschimmer, zeigt sich weit hinten in der Kristallkugel: Vielleicht gibt es dannzumal noch Nischen für „Ewiggestrige“, vielleicht sind im Jahr 2050 die Menschen toleranter, und vielleicht verschreiben Mediziner den Konsum von echtem Fleisch als gesundheitsfördernd? Dann wird es in 30 Jahren Edelschweine, Edelrinder, Edelschafe und Edelhühner in Bio-Hotels für Nutztiere geben. Und dazu ein Angebot von Wildfleisch aus einheimischer Jagd, einer Jagd, die das nachhaltig erntet, was Großraubtiere den Jägern noch übrig lassen. Das wird nicht mehr so viel sein wie heute, aber immerhin, die Jagd könnte überleben. Ob das weiterhin eine Milizjagd sein wird, oder eine Jagd, die nur noch von wenigen Berufsjägern oder jagdlichen Sondereinheiten ausgeübt wird, die emotionslos und als Digital-Junkies Reh-, Rot- und Schwarzwildbestände managen, hängt allein von uns ab. Bewegen wir uns wie in den letzten 10, 20 Jahren weiterhin weg von unserem Jägerhandwerk hin zur Hightechjagd mit Such- und Zielgeräten voller Sensoren, hin zu Schnickschnack Zubehör, zu „Mach-dir-dein-jagdliches-Leben-effizienter" Spielzeug und hin zu Drohneneinsätzen zur Bekämpfung „schadenstiftender" Tiere, dann schaufeln wir uns unser eigenes Grab. Denn einen solchen Job, der im Wesentlichen aus der Anwendung von Computer- und Kriegstechnik, aus dem Einsatz von Nachtsichttechnik und Drohnen besteht, kann effizienter durch eine Spezialeinheit der Armee ausgeübt werden, die sich eh mit solchen Techniken auseinandersetzen muss. Weshalb soll man aus hochspezialisierten Cyber-Soldaten nicht eine SAGFOR bilden, eine Swiss Army Game Forces? Precision-Hunting wird das Schlagwort der 2050er Jahre sein, eine Jagd mit Drohnen, Wärmebildkameras und gechipten Wildtieren. Kein Waldgänger wird dann mehr mit toten Bambis, Aufbruch und Schweiß konfrontiert sein, denn die Jagddrohnen werden nach dem Abschuss das getötete Wild in kürzester Zeit in den nächstgelegenen Kühlraum fliegen.

© Jasmine Péter-Contesse

Wieviel Hightech verträgt unsere Milizjagd?

Altes Jägerhandwerk ist gefragt!

Zurück in die Zukunft

Wenn wir das nicht wollen, sollten wir uns wieder auf das zurückbesinnen, was unsere Stärke ist: Als Milizjäger mit Ausdauer, Passion, Achtung vor dem Geschöpf und jagdethisch unterlegt dem Wild auf eine Art und Weise nachstellen, die den Wertvorstellungen der Menschen in der Mitte des 21. Jahrhunderts entspricht. Diese Wertvorstellungen kennen wir heute zwar noch nicht, doch werden sie bestimmt weder den exzessiven fürstlichen Jagden des 18. Jahrhunderts ähneln noch der technisierten, digitalisierten und effizienten Jagdausübung, wie sie sich zurzeit entwickelt. Ersteres scheint mit der französischen Revolution von 1789 definitiv überwunden zu sein. Letzteres ist schlicht und einfach nicht miliztauglich, sondern ruft geradezu nach Spezialisten. Also gleichen wir uns wieder unseren „ärgsten" Feinden an, wie das die Hominiden der Frühzeit taten, jagen wir zusammen mit Wolf, Luchs und anderen Beutegreifern an der Spitze der Nahrungskette. Jedoch im Einklang mit ihnen und nicht als Konkurrenten. Denn wenn wir mal keine Beute machen sollten, können wir immer noch beim Großverteiler einen Veggie-Burger kaufen. Der Spielraum für uns wird klein sein, aber auch in 30 Jahren kann das jagdliche Handwerk, ehrlich, passioniert sowie art- und tierschutzgerecht ausgeübt, einen geduldeten Nischenplatz in unserer Gesellschaft finden.

Dickhäuter

Als Dickhäuter werden Elefanten, Nilpferde und Nashörner bezeichnet sowie Menschen, die eine „dicke Haut haben". Menschen also, denen man ohne juristische Folgen an „Hose oder Rock pissen" kann. Zu den Dickhäutigsten gehören Zweibeiner, insbesondere Politikerinnen und Politiker, die sich an exponierten Stellen unserer Gesellschaft für das Gemeinwohl einsetzen und dadurch häufig der Kritik ausgesetzt sind. Die Rechtsprechung geht heute so weit, dass man Politikern straflos Unfähigkeit, Bestechlichkeit, Machtstreben, Korruption und Ähnliches anhängen kann. Damit stehen sie in etwa auf gleicher Stufe wie die Jäger, die ohne rechtliche Konsequenzen als „Mörder" bezeichnet werden dürfen. In der Öffentlichkeit sind deshalb Dickhäuter gefragt und keine dünnhäutigen Wesen, die in den sozialen Medien bereits vom ersten Windstoß unzähliger „Dislikes" von der Bühne bewegter Zeitgenossen gefegt werden. Bereits Sir Winston Churchill wusste genau, was zum Anforderungsprofil eines Dickhäuters gehört: *„Die Haut eines Nilpferdes, das Gedächtnis eines Elefanten, die Geduld des Bibers, das Herz des Löwen, der Magen des Vogels Strauß und der Humor einer Krähe. Diese Eigenschaften sind allerdings noch nichts wert ohne die Sturheit des Maulesels."*

Wir Jäger benehmen uns in der Regel nicht stur wie ein Maulesel oder gar wie ein Elefant im Porzellanladen. Lieber bewegen wir uns in Feld und Wald unter dem Radar der Öffentlichkeit. Was aber nicht ausschließt, dass sich der eine oder andere einmal mit einem Elefanten auseinandersetzen möchte und davon träumt, auf den Spuren berühmter Afrikajäger den Dickhäutern nachzustellen. Aber aufgepasst, das könnte zu einer Fallgrube werden. Erstens laufen auch in Simbabwe, dem Elefantenland schlechthin, überall Smartphones herum, die in Echtzeit weltweit einen solchen Abschuss verbreiten können, was dann sofort zu einem gewaltigen Shitstorm führen wird.

Der Murtener Elefant – von einer Kanonenkugel getroffen

Zweitens sollte man eine solche Elefantenjagd nicht mit einer Rehjagd in unseren Gefilden vergleichen. Den elektronischen Distanzmesser, die Klick-Klick-App zur automatischen Korrektur der Flugbahn und die .222 Remington-Büchse kann man getrost zu Hause lassen. Zur Jagd auf einen Dickhäuter braucht es wesentlich Gröberes. Dazu gehört auch die Devise: Ran an den Bullen. Besser nur fünf als 15 Meter Abstand und ja kein Jagdfieber. Denn das Hirn eines Elefanten mag einem noch so groß erscheinen – es ist dreimal größer als jenes eines Menschen – wackelt man aber mit dem Korn der Repetierbüchse zwischen den Ohren des Tieres hin und her, kann es schwierig werden, und man läuft rasch Gefahr, sein Leben in der Savanne Afrikas auszuhauchen.

Wenn Sie aufgrund all dieser Unwägbarkeiten nun schon fast so weit sind, die bereits gebuchte Elefantenjagd zu stornieren, habe ich noch einen Spezialtipp bereit: Buchen Sie neben Safari und Abschusslizenz gleich noch eine Artilleriekanone dazu. Dagegen sind auch Elefanten machtlos, wie die Geschichte vom Murtener Elefanten von anno 1866 zeigt. Damals besuchte ein Zirkus mit zwei Elefanten die Stadt. Klein und Groß kamen zur Vorstellung und bestaunten die bis dahin unbekannten, exotischen Wesen. Nach der Aufführung geriet der Bulle plötzlich außer sich, packte seinen Dompteur mit dem Rüssel, schleuderte ihn durch die Luft, setzte mit einem Vorderlauf noch einen drauf und randalierte anschließend durch die Altstadt. Die Stadtväter und der Zirkusdirektor entschieden, den Tobenden sofort zur Strecke zu bringen. Doch die ansässigen Jäger mit ihren schwächlichen Gewehren wollten nicht die Helden spielen. Und so wurde aus der Stadt Fribourg eine Artilleriekanone aufgeboten, der Elefant mit Heu und Wasser aus seinem Unterstand herausgelockt und ihm aus ein paar Metern Entfernung eine 6-PfünderKanonenkugel auf die Schwarte gefeuert. Der Murtenbieter Anzeiger berichtete, dass *„die Kugel die Schulter des Elefanten durchdrang und noch eine Treppe des Hotels Adler zerstörte, bevor sie geborgen wurde“*.

So vorbereitet sollte einer erfolgreichen Safari nichts mehr im Wege stehen. Sie werden garantiert in den Kreis der 100-Pfünder-Elefantenjäger aufgenommen, können mit stimmigen Erlegerfotos ihre abenteuerliche Jagd belegen und müssen nach Ihrer Rückkehr nicht aus einer Mücke einen Elefanten machen.

Rauchzeichen

Im Sommer 2019 hat die Klimadebatte auch die Jagd erreicht. Während das junge Klimagewissen Greta Thunberg einen, je nach Standpunkt, klimaneutralen oder klimaschädigenden Segeltörn zur UNO in New York unternahm, startete die deutsche Jagdzeitung „Jäger" unter dem Titel „Sind wir Jäger die wahren Grünen?" eine Umfrage unter ihren Lesern. Mit Fragen wie „Besitzen Sie ein Auto?" oder „Wie häufig essen Sie Fleisch?" oder „Sammeln Sie regelmäßig Müll in Ihrem Revier?" sollte das grüne Gewissen der Jäger erforscht werden. Zwei Monate später dann die Ergebnisse: Ja, wir Jäger sind grün, wir fahren sogar Fahrrad, Kreuzfahrtschiffe sind uns eher ein Graus, und 34 % der Befragten fliegen nie.

Eigentlich wäre dieser mediale, klimatologische Striptease der Jägerschaft völlig unnötig gewesen. Denn seit Jahrtausenden sind wir Jäger grün, ja dunkelgrün. Und das nicht nur mit unserer Kleidung. So streiften unsere Ur-Ur-Ahnen, die Steinzeitjäger, nicht nur blei- und CO_2-frei durch Savannen und Wälder, sondern beförderten ihre Beute mit einer Steinaxt oder einer Schlinge aus Lianen auch bleifrei ins Jenseits. Zwar wurde bereits damals dieses und jenes Buschfeuer gelegt, um das Wild zusammenzutreiben und, bereits grilliert, der zu Hause wartenden Sippe zu bringen. Und auch das Lagerfeuer war nicht ganz feinstaubfrei. Aber das war im Vergleich zu heute vernachlässigbar. Daneben dienten diese Feuer als Kommunikationsmittel von Sippe zu Sippe. Mit den Rauchzeichen informierte man den Nachbarn, dass zwei Tagesmärsche entfernt eine größere Herde Auerochsen unterwegs war, welche Nahrung für den nächsten Winter versprach.

Aber nicht nur das. Unsere Ur-Jäger importierten auch nicht klimaschädigend Bananen aus Costa Rica oder Palmöl aus Malaysia, sondern konsumierten das, was ihnen der Garten Eden bot: Wurzeln, Beeren, Pilze, Kräuter, Fische, Wild. Ja, so war es damals: Jäger und Sammler waren die Ernährer ihrer Sippen. Heute sind es die naturfernen Digital Natives, welche mit Bits und Bytes ihre Patchwork Familien füttern und gar nicht mehr wissen – außer sie informieren sich bei Wikipedia – ob die Milch in ihrem Morgen-Smoothie aus dem Milch Baum (arbor lactis) gewonnen wird oder aus dem Labor des Chemieriesen BASF stammt.

Natürlich ist auch bei uns Jägern die Zeit nicht stehen geblieben. Den Platz der Steinaxt hat der aus Carbon geschäftete Take-Down-Repetierer eingenommen, die Wildkamera an der Kirrung sowie das Handy ersetzen die Rauchzeichen unserer Sippennachbarn und der Allrad-SUV macht es möglich, dass wir unser gemeinsames Lager, die Jagdhütte, nicht erst nach einem mehrstündigen Fußmarsch erreichen, sondern in fünf Minuten. Dort ist aber fast alles wie vor zehntausend Jahren: Das Lagerfeuer brennt, in zünftigen Stoff eingehüllte Gestalten scharen sich um dieses, es riecht nach Rauch, Gebratenem, Wein und Schweiß. In den Abendhimmel aufsteigende Rauchzeichen signalisieren unseren Nachbarn, dass heute gejagt wurde. Und der aus dem Zinnbecher rot leuchtende Rebensaft aus der Region sowie das auf dem Aserfeuer vor sich hin brutzelnde, feinste, hormon- und stressfreie Bio-Wildbret zeugen von der dunkelgrünen Lebensweise von uns Jägern. Das ist die Botschaft, die wir der nichtjagenden Bevölkerung vermitteln müssen. Deshalb mein Ratschlag an die Jagdverbände Deutschlands, der Schweiz und Österreichs: Engagiert Greta Thunberg als Botschafterin der Jagd. Bringt sie zum Dreiländereck am Bodensee und lasst sie an ein paar länderübergreifenden Drückjagden teilnehmen. Ein Segelschiff wird Greta und den Journalistentross umweltschonend rund um den See transportieren und E-Bikes umweltbewusst zu den Ständen. Nach der Jagd kann man ihr unter dem Motto „Schütz die Natur – iss Wild" einen urigen Aser servieren. Beispielsweise Leberschnitten vom Walliser Wolf, Wildboar-Tail-Soupe vom Pürzel des Schwarzwald Keilers und mit Vorarlberger Steinpilzen gefüllte Entenbrust aus dem Bregenzer Seebecken. Dazu Schwabenspätzle, Rotkraut von der Reichenau und Bratäpfel aus dem Thurgau. Alles in allem ein klares, gewaltiges und nachhaltiges Rauchzeichen an alle Kritiker der Jagd.

Begehrte Friedhofsblumen

Städte und Gemeinden werben auf ihren Webseiten für ihre „malerische Altstadt", die „Vielfalt an kulturellen Angeboten", den „tiefen Steuersatz" oder „Stadt nah im Grünen". Die Gemeinde Riehen bei Basel wendet sich speziell an all jene, die sich für ihr letztes Lager etwas Besonderes wünschen: *„In Riehen liegt in bester Lage der größte Friedhof der Schweiz. Sie finden hier sonnige Reihen und waldige Ecken, klassische Gräber und die sanft gestaltete neue Urnengrabanlage mit mediterraner Atmosphäre"*. Wer also sein Leben lang im Urlaub ans Mittelmeer gefahren ist, um dort unter der mediterranen Sonne zu braten, oder stundenlang im Wald joggte, um sich fit zu halten, der ist gut beraten, seine letzte Ruhestätte in Riehen auszusuchen. Platz gibt es genug, ist doch der Friedhof über 50 Hektar groß und für 60.000 Gräber ausgelegt. Der ewige Frieden scheint garantiert.

Jetzt ist es jedoch mit der Ruhe vorbei. Nein, nicht Grabschänder treiben ihr Unwesen, auch kein Virus schleicht sich durch die Grabreihen. Es ist eine wilde Horde – die in Weidmannssprache geschulten Leserinnen und Leser mögen mir diesen Ausdruck verzeihen – von etwa 25 Rehen, welche für Aufruhr sorgt und die Politiker auf den Plan ruft. Die Tiere leben auf dem Friedhof paradiesisch, ist doch das Äsungsangebot das ganze Jahr über reichlich vorhanden. Gestorben wird immer, und wenn sich auch der Grabschmuck den Jahreszeiten anpasst, für die wählerischen Rehäser gibt es stets etwas Schmackhaftes zu naschen. Und so plündern sie Rosensträuße, äsen sich über die mit Erika bedeckten Gräber und machen auch vor getrockneten Kranzbeeren nicht Halt. Vertreiben lassen sie sich nicht. Zwar gibt es außerhalb des Friedhofs Wald, die Äsung ist jedoch deutlich schlechter und die Luft bleihaltig. Denn dort wird gejagt.

Deshalb muss gehandelt werden. Der Leiter der Stadtgärtnerei und die zuständige Gemeinderätin erläutern ihren Schlachtplan vor laufender Fernsehkamera. So will man ganz gezielt einige Rehböcke ins

Fadenkreuz nehmen. Um die Besucherinnen und Besucher des Friedhofs nicht durch herumfliegende Kugeln ebenfalls zur Strecke zu bringen, dürfen die Naschnasen nur in der Dämmerung und nachts erlegt werden. Selbstverständlich mit der entsprechenden Ausrüstung, Schalldämpfer inklusive. Und: Der Eingriff werde nicht wegen dem Schaden von rund 100.000 Franken im Jahr vorgenommen, sondern zum Wohle der Tiere, die sich wegen der Überpopulation massiv gestresst fühlen würden. Ob das die Rehe auch so sehen? Wohl kaum. Anders sieht es jedenfalls die Mehrheit der Internet-Community.

© Dvoracek/ Shutterstock

Hier leben Rehe im Paradies

Nach der Lancierung einer Internet-Petition „*Kein Reh-Massaker auf Friedhof Hörnli*" hagelt es massenweise Proteste. Kim 1 meint, „*Meine Oma liegt dort. Wäre schön, bei ihrem Besuch Rehe anzutreffen.*" Selbstverständlich bekommen auch wir Jäger, obschon für einmal weit weg vom Tatort, unser Fett weg. So schreibt einer: „*Lässt doch in Gotteswillen diese Rehe auf dem Friedhof äsen. Auf der letzten Ruhestätte sollen nicht noch besoffene Jäger in die Grabsteine schießen.*"

Wie dem auch sei, mich bewegen Fragen wie: Sollen wegen der Trophäen nur Rehböcke erlegt werden? Wo werden die erlegten Rehe ihre letzte Ruhestätte finden? Wird es eine Erdbestattung geben? Werden sie im nahen Krematorium zu Asche gemacht? Wird sich der Riehener Gemeinderat an feinen Rehrücken sattessen? Gibt es Rehpfeffer und Gratisbier für die Erleger? Oder eine Gedenktafel: Hier ruht der alte Knabberbock Bambino, * 14. Mai 2013, † 20. Oktober 2020? Und, fast noch wichtiger: Wird auch in den nächsten Jahren das „Reh-Massaker" auf dem Hörnli Friedhof seine Fortsetzung finden? Wäre es nicht sinnvoller, präventiv einzugreifen, als mit Gewehr und Schalldämpfer aufzukreuzen? Beispielsweise, indem man aus dem Jurabogen einen Luchs aussetzt und diesen ein halbes Jahr gewähren lässt, bis sich die Rehe wegen ihresgleichen nicht mehr so gestresst fühlen müssen. Oder auf dem Friedhof Kunstrasen verlegt, nur noch Plastikblumen auf den Gräbern erlaubt und in der Brunft den Rehgeißen Anti-Bambi-Pillen auslegt, versteckt in leckeren Rosenknospen. Das wäre eine Win-win-Situation für die Rehe, die Friedhofsbesucher und nicht zuletzt auch für die armen Seelen, die weiterhin ohne Geknalle ihre Heimreise antreten können.

Grässlich schön

Wenn man an einem trüben, ereignislosen Tag durch die 300 verfügbaren Fernsehsender zappt, ist die Wahrscheinlichkeit groß, über kurz oder lang auf einen Tierfilm zu stoßen. Das Angebot ist riesig und geht vom bewegenden Beitrag über Streunerhunde, die ein gutes Plätzchen in einer tierliebenden Familie suchen, über Tierarzteinsätze für verletzte Vierbeiner bis hin zu filmischen Entdeckungsreisen in „die wilde Natur“. Letzteres kann echte Wildnis im Norden Amerikas, in Afrika oder sonst wo auf unserem Planeten sein, wo nicht gerade alle paar Minuten ein Mensch auftaucht und den Garten Eden umpflügt.

Gefragt sind vor allem Filme, welche den finalen Angriff eines Wolfsrudels im Yellowstone-Nationalpark oder von Löwen in der Savanne Afrikas oder eines Krokodils im Mara Fluss in Tansania zeigen. Wenn diese Zeitlupenaufnahmen mit mehreren tausend Bildern

© Martin Ebner

Am nächsten Morgen war vom Zebra nur noch wenig zu sehen

pro Sekunde aus der Kiste flimmern, Blut und Wasser nach allen Seiten spritzt, ohne dass man dabei nass wird oder sich mit Blut befleckt, die weit aufgerissenen Mäuler und Augen der Wapitis, Gnus oder Büffel uns in Großaufnahme anstarren, dann, ja dann findet man das alles grässlich schön, greift nach dem letzten Zucken einer Gazellen-Wimper zum gekühlten Bier und wirft sich ein paar Salznüsse in den Rachen. Und träumt davon, einen solchen Event wenigstens einmal im Leben live im fernen Afrika mitverfolgen zu können.

Dazu müsste man gar nicht so weit reisen, denn Großraubtiere wie Wölfe gibt es seit einigen Jahren auch in der Schweiz, in Deutschland und Österreich. Ebenso spannend wie ein Löwenangriff wäre doch zu sehen, wie das Surselva oder ein Brandenburger Wolfsrudel nach Wolfsmanier ein Rudel Rotwild oder eine Herde von Schafen einkreist, sich an Hinterlauf oder Träger eines Opfers festbeißt und dieses ein paar Sekunden später in die ewigen Jagdgründe befördert. Gerade in diesen unruhigen Corona-Zeiten, in denen „Swiss first“, „Germany first“ oder „Austria first“ gilt, könnten unsere Touristiker mit Wolf-Safaris punkten und die Leute im eigenen Land bei der Stange halten. Aber nichts von all dem ist zu hören. Außer den paar wenigen Bildern blutverschmierter Kadaver von Schafen, die manchmal wie durch eine Performance-Gruppe drapiert auf einer Alp vor berauschender Bergkulisse herumliegen, ist von der Präsenz dieser Großraubtiere wenig bis nichts zu sehen. Vielleicht liegt das daran, dass solche Safaris wenig von Erfolg gekrönt wären und die Gäste auch nach einer Woche Aufenthalt in einer Swiss-Alp-Wilderness-Lodge kein Haar von einem Wolf sehen würden. Oder man fühlt sich emotional mit den vierbeinigen Grasmähern derart verbunden – es könnte ja eines vom Nachbarn sein, das gerade seine Sommerferien auf der Alp verbringt – dass das reale Miterleben eines Angriffs von einem Wolfsrudel auf friedlich fressende Schafe unerträglich wäre.

Also reisen wir doch lieber nach Afrika, um das genießen zu können, was uns unsere Kulturlandschaft oder unsere emotionale Bindung verwehrt. Ort der Handlung: Ein Reservat im südlichen Afrika, mit den Big Five und unzähligen Herden von Gnus, Zebras und Kuhantilopen. Zwei Safarijeeps mit erlebnishungrigen Touristen warten auf einem weiten Plateau dem Sonnenuntergang und einem kühlen Drink entgegen. Inmitten der zahlreichen Zebras und den paar Nashörner fühlt man sich in den Garten Eden versetzt. Das Bild vervollständigt ein Rudel Löwen, das in einiger Distanz friedlich unter den ausladenden Ästen eines Affenbrotbaumes vor sich hin döst. Die Kinnladen einiger Touristen sinken bereits auf deren Brust und verstärken noch den Eindruck einer friedlichen Welt ohne Sterben und Tod. Nur das Zermalmen des harten Savannengrases zwischen den Zähnen der weidenden Tiere ist zu hören. Doch urplötzlich verändert sich die Bühne dramatisch. Drei der Zebras haben offenbar die „Ich-greif-dich-nicht-an-Distanz" zum Löwenrudel unterschritten. Nach wenigen Sekunden rasanten Laufs packt die eine der Raubkatzen den Hinterlauf eines Gestreiften, das Tier kommt ins Wanken, und schon hängt die Löwin am Träger. Wahrscheinlich schlägt das Herz des Opfers noch, als ihm die ersten Fleischstücke aus der Keule herausgerissen werden. „Oh my God, oh my God" schreit eine Amerikanerin. Andere zücken ihre Videokameras und bannen diese grässlich-schöne Szene auf ihren Speicherchip. Das ist man den Zuhausegebliebenen schließlich schuldig.

Waldweihnachten

Die zweite Corona-Welle hatte seit Oktober 2020 wie ein Tsunami die ganze Welt überrollt und die Regierungen beschworen, mantraartig ihre Untertanen mit: „Bleiben Sie zu Hause“, „Social Distancing“ und „Waschen Sie sich die Hände.“ Dann stand Weihnachten vor der Tür, die Bevölkerung war coronamüde, wollte endlich wieder einmal gemeinsam feiern und nicht in Kleinstgruppen das Fest begehen. Oder, noch schlimmer, mit digitaler Unterstützung weihnächtliche Videokonferenzen abhalten. Man stelle sich vor: Wie würde auf dem Bildschirm des Laptops das bis zur Unkenntlichkeit verschrumpelte Gesicht des Großvaters oder die krächzende Stimme der Oma auf den dreijährigen Enkel wirken, der noch nie etwas von Zoom oder Skype gehört hatte, geschweige denn von diesen „Segnungen“ je profitieren konnte?

Dann aber kam die Erlösung. Bei den Regierenden regten sich plötzlich vorweihnächtliche Gefühle. Sie gaben die Devise heraus: „Haltet Abstand, geht an Weihnachten in den Wald.“ Und schon war der absolute Waldweihnachtshype geboren. Die Leute kauften Stromgeneratoren, Lichterkränze, Einweggrills, Würste und Hamburger. Dagegen vergammelten die Schweinsfilets im Teig und die Weihnachtsgänse in den Metzgereiauslagen und die Weihnachtskarpfen schwammen noch an Silvester friedlich in den Badewannen. Einige Hardcore-Urbane mieteten bei Tier-Gnadenhöfen Schafe aus, die sie im Wald draußen neben Krippe und Jesuskind aufstellen wollten, vorerst jedoch in ihren Wintergärten einstallten. Mit der Ruhe im Wald würde es bald vorbei sein. Nur Jäger erbarmten sich der Wildtiere, brachten wagenweise Schutzmasken in die Wälder hinaus und deponierten diese an Futterkrippen und Salzlecken. Dort konnten sich ihre Schutzbefohlenen damit ausrüsten, um sich so vor den coronaverseuchten Invasoren zu schützen.

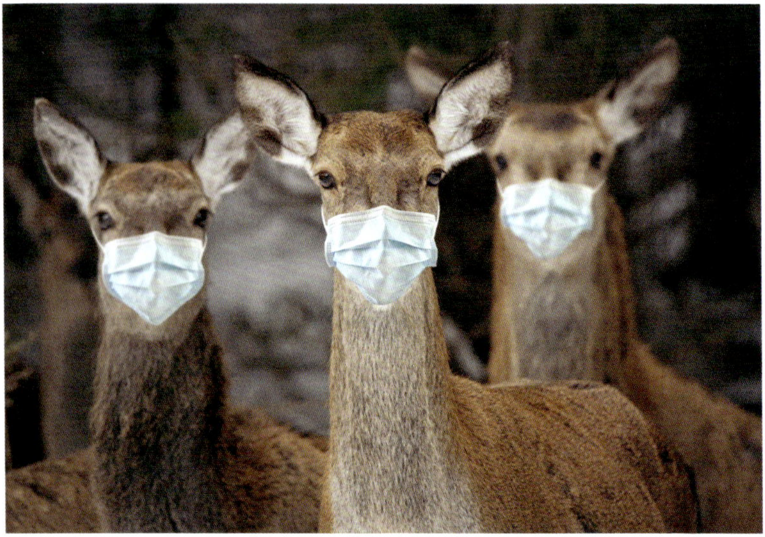

Drei überlebende Hirschkühe nach dem Einsatz der Antiterroreinheit

Noch bevor es am 25. Dezember dunkel wurde im Tannenwald, beluden die Städter ihre SUVs mit Stromgeneratoren und Lichterkränzen, Säuglingen und Windeln, Omas und Rollatoren, Geschenken und dem Jesuskind und was sonst noch hinaus in die heile Waldwelt musste. Bald leuchtete und glitzerte es tausendfach an den Waldrändern, grad so, als ob Millionen von Glühwürmchen Hochzeit feiern würden. Und der Duft der Grillwürste drang bis in den hintersten Kessel der Fuchsbauten. Kurz, ein Ereignis von geradezu biblischen Ausmaßen, wie vor gut 2000 Jahren in Bethlehem.

Und dann geschah das Ungeheuerliche. Eben hatten die Glocken vom fernen Kirchturm 19.00 Uhr geschlagen, Hansli hatte zum sechsten Mal gefragt „Wänn chan ich Gschänkli?" (Wann bekomme ich die Geschenke?), 's Grosi hatte ebenso oft geantwortet „Zerscht tüemer singe" (Zuerst singen wir), als der Großvater, der gerade die Würste auf den Grillrost legte, vor Schreck den Mund weit aufriss, so dass ihm sein Gebiss zwischen die Würste auf den Rost fiel und mit lautem Zischen verdampfte. Die 16-jährige Enkelin, die neben ihm stand, schrie laut „My God" und zeigte in den dunklen Tann, wo die Strahlen der LED-Leuchten mit den Schatten der Nacht um die Wette flashten. Dort waren, schemenhaft zwar nur, aber doch deutlich genug, ein paar maskierte Gestalten zu sehen. Rundum erstarrten Besinnlichkeit und Lagerfeuerromantik, nur 's Grosi rief beherzt „Ihr Kinderlein kommet" ins Dunkle und drückte gleichzeitig auf ihrem Seniorenhandy den Notrufknopf. Es vergingen keine zehn Minuten, da raste eine Antiterroreinheit herbei und umstellte das nahe Dickicht. Scheinwerfer durchdrangen den Wald, und wo deren Licht nicht hinreichte, tastete ein Helikopter mit Wärmebildkamera die Gegend ab. Schüsse waren zu hören. Eine halbe Stunde später verkündete ein stolzer Einsatzleiter über einen Lautsprecher: „Operation erfolgreich abgeschlossen, sämtliche Terroristen unschädlich gemacht. Ihr könnt weiterfeiern." Anderntags meldeten die Medien, ein halbes Dutzend maskierter Hirschkühe habe sich einer Gruppe von Waldweihnächtlern bedrohlich genähert und sei deshalb von einer Spezialeinheit der Polizei neutralisiert worden. Das dem Bericht beigefügte Bild zeigt den Einsatzleiter ihn Kampfmontur mit Jägerhut, Erlegerbruch und einer vollautomatischen Waffe in der Hand auf dem Streckenplatz. Und im Hintergrund bläst, neben den zur Strecke gelegten Hirschkühen mit Schutzmasken vor dem Äser, eine eiligst herangekarrte Jagdhornbläsergruppe „Stille Nacht, Heilige Nacht."

Das Schwein

Das Hausschwein begleitet uns Menschen schon seit 10.000 Jahren. Zu jener Zeit wurden Wildschweine erstmals in Zentralasien, in der südlichen Türkei und in Palästina domestiziert. Diese Ur-Hausschweine breiteten sich über ganz Europa aus. Sie waren wohl noch recht glücklich mit ihrem Leben, denn der Verlust an Freiheit wurde kompensiert durch den ständigen Nachschub an Fressbarem. Auch lebten sie länger als ihre heutigen Nachfahren, die im Alter von fünf bis sechs Monaten zum Schlachthof gekarrt werden, und hatten einen engen Kontakt zu den Menschen. Denn früher hielt jeder Haushalt sein eigenes Mastschwein. Daraus resultierte eine enge Verbindung zwischen Schweinen und Menschen. So soll der britische Premierminister Winston Churchill gesagt haben: *„Hunde sehen zu uns auf. Katzen sehen auf uns herab, aber Schweine betrachten uns als gleichberechtigt."*

Heute ist aus dem Hausschwein Industrieware geworden. Weltweit werden etwa eine Milliarde Schweine gehalten, davon fast die Hälfte in China. Ein Mehrfaches davon wird von uns Menschen jährlich verzehrt, das Schwein von heute ist der Schinken von morgen. Die Corona Krise hat es offengelegt: Beim großen deutschen Fleischverarbeiter Tönnies werden allein auf dem Firmengelände in Rheda-Wiedenbrück pro Tag etwa 20.000 Schweine geschlachtet. In ganz Deutschland sind es jedes Jahr rund 55 Millionen. Das ist zwar wenig gegenüber den über 600 Millionen Hühnern, die jährlich ihren Kopf verlieren. Trotzdem: Von glücklichen Schweinen zu reden ist abwegig, und unsere Schweine fühlen sich längst nicht mehr sauwohl.

Hört man sich zum Thema Schwein etwas um, erlebt man die unterschiedlichsten Reaktionen. Das siebenjährige Mutterschwein Felicitas zeigt sich frustriert. In den vergangenen Jahren habe es die meiste Zeit im Kastenstand verbracht und dabei über 100 Ferkel zur Welt gebracht. Alle seien im Alter von fünf bis sechs Monaten an

Tönnies verkauft und zu Wurst sowie Koteletts verarbeitet worden. Und überhaupt: Es sei eh nicht mehr wie früher, als ein Eber noch gegen 250 Kilogramm auf die Waage brachte und einem stundenlang den Hof machte, bis man den Ringelschwanz hochhob. Heute erledige diese „Angelegenheit" ein grün-weiß gekleidetes Männchen, das nach Hugo Boss riecht, in einer Minute. Kurzum: Ein Schweineleben.

Erwähnt man jedoch das Wort „Schwein" gegenüber einem Mitglied des tatsächlich existierenden Vereins zur Förderung des Anse-

Ihnen ist es sauwohl.

© Jevtic/ Shutterstock

hens der Blut- und Leberwürste (VBL), beginnen dessen Augen zu leuchten und ein Redeschwall überzeugt einen, dass es auf dieser Welt nichts Edleres gibt als ein Hausschwein, beziehungsweise das Genießen der aus dem Schwein gewonnenen schweinischen Herrlichkeiten. Beim VBL gilt das Motto: *„Glückliche Säue können nur dann so sein, wenn sie anständig gehalten und gut ernährt werden."* Wieder anders tönt es am mit Jägerlatein imprägnierten Stammtisch im Hirschen. Dort landet das Gespräch meist schon nach kurzer Zeit beim Thema

Wildschweinjagd. Nach fünf Minuten werden der Frischling zum reifen Keiler und der Überläufer zum Urgroßvater aller Uriane der Region. Die Begeisterung ist groß, die Achtung vor den urigen Bassen auch, und so nehmen Wildschweine einen Ehrenplatz im Leben eines jeden Weidmannes ein.

Diese Huldigung ist für die alte Bache Angela etwas zwiespältig, da mit Gefahren verbunden. Sie versuche zwar, ihren Frischlingen bereits bei der ersten Lektion zum Thema „Erfülltes Wildschweinleben" zu erklären, wie wichtig es sei, sich möglichst nur bei völliger Dunkelheit zu bewegen und Schneisen zwischen Waldrand und Maisfeld immer rasch zu überqueren. Doch die heutige Jugend sei undiszipliniert und stets besserwissend, so dass halt doch der eine oder andere Frischling geopfert werden müsse. Auch sei neuerdings zu beobachten, dass es sogar in stockdunkler Nacht blitzt und knallt und dann einer ihrer „Frösche" fehle. Diesem unnatürlichen Phänomen müsse sie noch unbedingt auf die Spur kommen. Doch alles in allem dürfe sie auf ein erfülltes Schweineleben zurückblicken.

Fazit: Das Schwein fasziniert und polarisiert, es weckt Emotionen und ernährt Milliarden von Menschen. Doch das Glücksschwein gibt es selten, außer es steht als prallgefülltes Sparschwein auf dem Bücherregal in einem Kinderzimmer. Und auch dann währt das Glück nur so lange, bis das Schwein in tausend Scherben zerbricht.

Ich Esel

Wenn Sie, liebe Leserin, lieber Leser, davon ausgehen, dass nun ein Seelenstriptease folgt, will heißen, dass ich in den folgenden Zeilen mein ganzes Seelenleben auf dem Streckenplatz der Offenbarung enthüllen werde, um Sie an meinem sündigen, jagdlichen Leben teilhaben zu lassen, sind Sie auf der falschen Fährte. Denn hier geht es tatsächlich um Esel, genauer: um Hausesel, diese weltweit verbreiteten Haustiere, die zusammen mit Schafen, Pferden und Rindern uns Menschen schon seit Jahrtausenden treue Begleiter sind. Esel gelten als genügsam, fressen Disteln und Brennnesseln, sind Trag- und Zugtiere, werden zum Herdenschutz eingesetzt, und die Eselsmilch machte Cleopatra zur schönsten Frau der Antike. Neben all diesen Vorzügen gelten die Grautiere aber auch als störrisch. Dabei sind sie nur vorsichtig und prüfen zuerst eingehend ihr Umfeld, bevor sie einen Schritt vorwärts machen. Das bestätigt ein Sprichwort aus Nigeria: *„Esel sind nicht störrischer als Pferde. Sie geben dir nur mehr Zeit zu überlegen, was du falsch gemacht hast.“*

Trotz all der Vorzüge: Ein Esel zu sein ist nicht immer ein Schleck. Zahlreich sind die Bilder von wandelnden Asthaufen oder Säcken, unter denen nur vier dürre Beinchen hervorlugen, welche die Lasten irgendwohin tragen müssen. Und, als ob das nicht schon genug wäre, geraten Grautiere in unseren Breitengraden immer wieder mal ins Fadenkreuz von Jägern. Dabei sind sie in guter Gesellschaft mit Motormähern, deren Lenkstangen im Morgennebel für das Geweih eines Hirsches gehalten werden, und mit Kühen, Schafen sowie Ponys, die sich in der Dunkelheit auf wunderbare Weise in kapitale Keiler und Wildschweinrotten verwandeln. Deshalb werden nachts, wenn alle Katzen grau sind, diese Zweiräder und Vierbeiner ein leichtes Opfer von Scha(r)fschützen, denen ihre Fantasie die wildesten Bilder ins Zielfernrohr zaubert. Und Medien und Anti-Jagd-Organisationen stürzen sich wie Geier auf solche Verfehlungen und berichten genüsslich darüber. So schrieb der *Kurier* Mitte September 2020 von einer Kuh, die sterben musste, weil ein Jäger sie für ein Wildschwein hielt. Gleiches habe sich bereits 2013 ereignet, als ein 60-jähriger Jäger irrtümlich drei mit Glocken behangene Milchkühe des Bürgermeisters erschoss. Offensichtlich litt der Schütze nicht nur an Sehstörungen,

Mich schießt keiner ab!

sondern auch sein Hörvermögen war arg geschwächt. Zumindest musste er seine Untat nicht mehr „an die große Glocke hängen", denn ihm war bestimmt klar, „was die Glocke geschlagen hatte." Ähnlich erging es gemäß „20 Minuten" einem Schweizer Jäger, der die Wollschweine „Schinkli", „Löckli" und „Fee" erschoss. Zur Zeit ihrer Exekution wühlten die drei glücklich und zufrieden in einem umzäunten Auslauf.

Rettung vor solchen jagdlichen Verfehlungen versprachen schon vor einigen Jahren die Bemühungen amerikanischer Farmer, die ihren Kühen Tafeln mit der Aufschrift „I'm a cow" anhängten. Damit sollten Elch- und Wapitijäger davor bewahrt werden, die Milchlieferanten irrtümlich zur Strecke zu bringen. Und, wie die ostfriesische „Esel-Post" berichtete, soll ein Schäfer seine Esel mit Leuchtfarbe und dem

Text „Ich Esel, und du?“ besprüht haben. Seither gäbe es keine versehentlichen Eselabschüsse mehr.

Hilfe gegen nervöse Zeigefinger von Nachtjägern kommt neuerdings aus Finnland. Dort wurden mit viel Erfolg die Geweihe von Rentieren mit reflektierendem Spray besprüht. Zum Schutz der Tiere vor Verkehrsunfällen. Gerät das Rentier bei Dunkelheit in den Scheinwerferkegel eines Autos, leuchtet sein Geweih hell auf. Mit solchen Leuchtsprays könnten wir doch Esel, Ponys und Schafe vor Scha(r)fschützen bewahren. Und, noch weiter gedacht, weshalb nicht unsere Wildtiere ebenfalls anschreiben? „Ich, Rehbock“ oder „Ich, führende Bache“ oder „Ich, Wolf“. Das Applizieren der Leuchtfarbe dürfte im Moment noch etwas Probleme bereiten, doch Not macht erfinderisch. Jedenfalls würden die Angeschriebenen das Leben von uns Jägern wesentlich vereinfachen: Mit dem Feldstecher die Wildart ablesen, diese ins Smartphone eintippen oder mit Bluetooth direkt übermitteln, und schon meldet die „Animal-App“, ob jagdbar oder nicht. Fehlabschüsse gäbe es keine mehr, und unsere Jägerprüflinge könnten sich bei ihrer Ausbildung auf das Wesentliche konzentrieren: Das Schießen und den Einsatz jagdlicher Smartphone-Apps.

Macht Schluss um 13 Uhr

Im Winter können wir jeweils auf die vergangenen Herbstjagden zurückblicken und diese oder jene Begebenheit nochmals im Film der Erinnerung ablaufen lassen. Da war doch dieser Fuchs, der vertraut anwechselte, dann aber mit erhobener Lunte Reißaus nahm, weil er unvermittelt Wind bekommen hatte. Oder die Rotte Sauen, die in der nahen Dickung verhoffte, jedoch leiser als Winnetou wieder davonschlich. Nur das Blasen der Bache war noch kurz zu hören. Und sonst? Wer schon seit Jahrzehnten dabei ist, wird feststellen, dass sich am Ablauf unserer Drückjagden oder Treibjagden oder Bewegungsjagden in den letzten 100 Jahren wenig geändert hat. Im Grundsatz ist es immer das Gleiche: Ein paar grüngewandete Weiblein und Männlein stehen oder sitzen im Wald herum, ein paar geländegängige Kerle mit einem Stock in der Hand klappern die Dickungen ab, und eine Meute von Hunden mit mehr oder weniger rassenreinem Jagdhundeblut in den Adern schnüffelt sich über den Waldboden. Klar sind die Sicherheitsvorgaben heute wesentlich strenger, klar ist der Schluck aus dem Flachmann heute verpönt und klar ist heutzutage die Anzahl der freigegebenen Wildarten eingeschränkt. Konnte der Ar vor 1953 noch ohne Federlesens vom Himmel geholt, der Wolf vor 1990 mit einer gezielten Kugel in die ewigen Jagdgründe befördert und für den Ende des 19. Jahrhunderts beim Entenstrich erlegten Fischotter beim Staat noch eine Abschussprämie von 10 Franken eingefordert werden, geht es heute im Wesentlichen nur noch um Hirsch, Sau, Reh und Fuchs.

Und so trifft man sich zwischen 8 und 9 Uhr bei der Jagdhütte oder im Hirschen und hört sich die Ansprache des Jagdleiters an: „*Liebe Treiber, liebe Jägerinnen und Jäger, das Wetter ist ausgezeichnet, frei sind heute Sau, Reh und Fuchs, geschossen wird stets klein vor groß, jeder ist für seinen Schuss verantwortlich, Weidmannsheil.*“ Wenig später steht man auf seinem Stand, hört das Rufen der Treiber und das Geläut der Hunde sowie da und dort einen Schuss. Anschließend das zweite Treiben. Die Strecke ist ansehnlich, drei Rehe, vier Füchse, Sauen wurden keine gesehen. Um 12 Uhr gibt es einen Zwischenaser. Nach einer halben Stunde mahnt der Jagdleiter bereits zum Aufbruch und zu zwei weiteren Treiben. Man sitzt wieder auf seinem Stand, träumt etwas vor sich hin, beobachtet die im Geäst der Lärche herumtanzende Blaumeise und hört von Ferne einen Specht, der sein Futter aus der Borke eines Baumes hämmert. Die Treiber machen sich das Leben jetzt etwas leichter und umgehen die Dickungen. Hundegeläut hört man keines mehr. Die einen Vierbeiner kreisen mit einem Pfund „Wau-Wau-Hundefutter“ im Magen um die Beine ihrer Meister, die cleveren mit Revierkenntnis haben sich im nächsten Fuchsbau zu einer Fuchsfähe gekuschelt und warten das Hornsignal ab, welches das Ende der Jagd anzeigen wird. Schüsse fallen keine mehr, und so werden um 16 Uhr die sieben am Vormittag erlegten Rehe und Füchse verblasen, und die erfolgreichen Schützen bekommen vom Jagdleiter den Erlegerbruch überreicht. Und dann folgt endlich das Ereignis des Tages, auf das alle ohne Ausnahme bereits bei der Begrüßung sehnlichst gewartet haben: Aserfeuer, Grillen, Anstoßen und Geschichten. Ja, so ist die Wirklichkeit. Man geht nicht wegen der Strecke auf eine Drückjagd, sondern weil man alte Gesichter wieder einmal sehen und den Rauch vom Aserfeuer sowie den Geruch all der Grilladen einatmen möchte. Schon werden die ersten Geschichten aus den guten alten Zeiten zum Besten gegeben: Von der Treiberwehr, die sich damals aus unerschrockenen Burschen des Bauernstandes rekrutierte und durch die dicksten Brombeerverhaue robbte. Von Jägern, welche auf geschätzte fünfzig Meter den Hasen im Feuer rollieren ließen und von Hunden, die unermüdlich den Rehbock jagten, bis dieser dem wartenden Schützen vor die Flinte lief. Natürlich ist die Jagd ein Handwerk, und als Handwerker muss man halt arbeiten. Und jagen bedeutet auch Beute machen. Aber dazu reicht ein etwas ausgedehnter Vormittag alleweil. Deshalb mein Wunsch an alle Jagdleiter: Macht doch Schluss um 13 Uhr. Treiber, Hunde und Jäger werden es euch danken. Die Wildtiere sowieso, können sie doch noch bei Tageslicht zurück in ihre Einstände wechseln.

Abtauchen

Die Erdbevölkerung platzt aus allen Nähten. Waren es vor etwa 500 Jahren noch rund 500 Millionen Zweibeiner der Gattung Homo sapiens, stieg deren Zahl Ende 2019 auf etwa 7.750 Millionen Und im Jahr 2100 soll die Erdbevölkerung nach UNO-Angaben die 10 Milliarden-Grenze überschritten haben. Goldige Aussichten, wenn man bedenkt, dass man sich bereits heute überall gegenseitig auf die Füße tritt, Luftraum und Straßen überlastet sind und der Pendler während der Fahrt mit der Bahn zur Arbeit den Übergang vom Tiefschlaf in die Wirklichkeit des Arbeitsalltages meist stehend überwinden muss. Dass sich die Menschheit deshalb Gedanken über ihre Zukunft auf unserem Planeten Erde macht, ist verständlich. Und so ist es nicht verwunderlich, dass der Ruf „ab ins Weltall“ immer lauter wird. Denn dort soll, zumindest singt uns das der Songpoet Reinhard Mey seit 1974 so vor, „die Freiheit wohl grenzenlos sein“.

In diese Freiheit, ohne Halt bis zum Mars, werden uns in 10, 20 Jahren leistungsfähige Raumschiffe fliegen. Tesla-Chef und Tausendsassa Elon Musk bietet mit seiner Firma SpaceX bereits für läppische 200.000 Dollar, das sind nicht einmal 0,4 Cents pro Flugkilometer, einen Sitzplatz für die rund 55 Millonen Kilometer weite Reise an, Rückflug jedoch nicht garantiert. Ein Stehplatz soll noch wesentlich günstiger sein. Steht man während der Reise, ist ein zur Erhaltung der Muckis notwendiges Fitnessprogramm leichter durchführbar. Verlässt man sich dagegen auf die Forschungsresultate chinesischer Wissenschaftler, die besagen, dass der in Rotwein enthaltene Stoff Resveratol den Muskelabbau bei geringer Schwerkraft verlangsamt, wird der Flug zu einer erfreulichen Geschichte: Man bucht einen Sitzplatz, nimmt zwei, drei Kartons Rotwein aus dem Rioja mit, und alles ist paletti. Nicht ganz, denn so eine Mars-Mission bringt auch viel Strahlung mit sich, schwächt das Immunsystem und belastet die Psyche. Trotzdem, als Ziel winkt ein noch völlig menschenleerer Planet. Mit zum Teil

Mars oder Untergrund, das ist die Frage der Zukunft.

recht angenehmen Temperaturen von bis zu + 27 °C. Also nichts wie los, Sitzplatz buchen und sich psychisch und physisch auf die Kolonialisierung des Mars vorbereiten.

Nein, das ist alles Schnee von gestern. Die Zukunft der Menschheit liegt nicht auf dem Mars, sondern im Untergrund. Abtauchen ist die neue Devise. Ja, unsere Zukunft liegt hautnah bei Fuchs und Dachs, bei den Schermäusen und den Würmern. Nur um ein paar Stockwerke tiefer. Um nicht falsch verstanden zu werden: Ich meine hier nicht den Friedhof, unsere letzte Ruhestätte. Nein, unser blühendes Leben wird sich künftig in 100 oder gar 200 Metern Tiefe abspielen. Wohnen, arbeiten, essen, lieben, alles unter Tag. Das schafft über der Erde Platz für die Natur. Urban Farming war früher, jetzt ist Underground Farming angesagt. Die Radieschen und Salate werden im Untergrund bei künstlichem Licht sprießen. Über der Erde werden großflächig nur noch Korn, Mais, Soja und Kartoffeln angebaut. Rindviecher und Schweine wird es keine mehr geben, denn die Undergrounder leben selbstverständlich vegan. Die heutigen Straßen und Bahnlinien werden bleiben, weil auch die Untergrund-Generation ab und zu wissen möchte, wie es früher aussah. In den sich ausbreitenden Naturwäldern sowie zerfallenden Ruinen der Städte und Dörfer wird sich eine große Artenvielfalt entwickeln. Massenhaft werden Feldhasen, Rebhühner, Schnepfen, Rehe, Rotwild und Wildschweine ihre Fährten und Spuren ziehen, und in den Bergen werden uns auf unseren Wochenendausflügen große Rudel von Gämsen und Steinwild empfangen. Streng bewacht von Herdenschutzhunden, damit sich ja kein Isegrim an den Wildtieren vergreift.

Das ist natürlich eine Frohbotschaft für uns Jäger. Denn wie sollen wir auf dem Mars oben unser Handwerk ausüben können? Schon unsere Schießfertigkeit würde im engen Raumanzug massiv leiden und die Vielfalt an jagdbaren Tieren auf dem roten Planeten ist wohl eher gering bis nicht vorhanden. Selbstverständlich könnte man auf dem Hinflug auch ein paar Dutzend Wölfe und Hirsche mitnehmen, um damit die Schafhalter und Förster auf der Erde etwas zu entlasten und glücklich zu machen. Ohne Herdenschutzhunde wird das aber kein nachhaltiges Projekt sein. Bleiben wir also da wo wir sind, nur ein paar Etagen tiefer. Deshalb gilt ab sofort: Abtauchen in den Untergrund, zum Wohle von Wild und Jagd.

Kabellose Kackmaschine und WeiHei

Wer in seinem Haushalt noch selber von Jugendlichen umgeben ist oder ab und zu von seinen Enkelkindern besucht wird, der kann ein Lied davon singen. Ich will hier nicht in die ewigen Klagen der alten Generation über die Jugend einstimmen, wie sie schon Sokrates vor gut 2000 Jahren zum Ausdruck gebracht hat: *„Die Kinder von heute sind Tyrannen. Sie widersprechen ihren Eltern, kleckern mit dem Essen und ärgern ihre Lehrer.*" Nein, meine Sorgen und Befürchtungen drehen sich einzig und allein um die Sprache unserer Kids. Bestimmt ist Ihnen auch schon sauer aufgestoßen, wie „Satz-fern" und nach eigenem Wörterbuch unsere Jugend schreibt und spricht. So heißt es beispielsweise am Mittagstisch: „Kann ich noch Braten?" Viele Eltern sind vielleicht schon überglücklich, wenn ihre Jungmannschaft sich überhaupt noch zu einer solchen Frage durchringt und nicht einfach mit der Gabel in der Bratenschüssel herumstochert. Mir, dem in seiner Schulzeit vom Lehrer – nicht mit dem Bambusstock, aber mit schlechten Noten – eine einigermaßen gute Satzbildung eingebläut wurde, aktivieren solche knappen Sätze die Magennerven. Wenn ich in solchen Situationen meinen Enkeln entgegne, ich würde ihnen eins hinter die Löffel geben, wenn sie ihren Wunsch nicht mit einem anständigen Satz formulieren könnten, werde ich mit großen bis sehr großen Augen angeschaut. Voll krass, der Opa!

Grund genug, dachte ich bei mir, nächstes Mal eine sprachliche Aufklärungskampagne in Sachen Sprache und jagdlicher Redewendungen zu starten, die Jungs so quasi aus dem Busch zu klopfen. Dabei sollte gleich noch die Weidmannssprache miteingepackt werden. Denn wer weiß? Vielleicht macht es beim einen oder anderen eines Tages Klick, und er will ebenfalls jagdlich aktiv werden. Da würden ein paar altersweise Sprüche bestimmt nichts schaden. Der passende

Rehgeiß, an Kugelgrippe „erkrankt"

Moment kam in den Sommerferien, ein paar Ferientage bei den Großeltern, zur Entlastung von Mutter und Vater gedacht. Beim Anziehen der Jagdklamotten zeigte Flin auf unseren Waldi: *„Nimmst du auch den behaarten BiFi mit?"* Unterwegs gab es für mich eine weitere sprachliche Herausforderung. Ein Tier lag auf der Straße. Der Kommentar dazu: *„Schau, ein Asphaltdeko."* – *„Flin, das ist ein totes Eichhörnchen, man nennt das in der Jägersprache Fallwild."* Kaum hatten wir uns auf der Kanzel eingerichtet, hoppelte ein Feldhase auf die Wiese. Der Zwölfjährige betrachtete ihn angestrengt durch den Feldstecher. Dann meinte er: *„Ein Mega-Blümchenkiller"* – *„Ein was?"* – *„Oh, ein Vegetarier."* Eine halbe Stunde verging, der Junge wurde etwas unruhig. Ob da wohl noch etwas käme oder ob wir nicht besser die Socken scharf machen und zur Oma heimfahren sollten. Ich entgegnete, jetzt sei noch nicht die Zeit gekommen, um die Flinte ins Korn zu werfen, denn die Dämmerung sei der beste und interessanteste Teil des Ansitzes.

Tatsächlich wechselte bald ein Schmalreh aus dem nahen Wald, gefolgt von einem starken Bock. Flin: *„Hat die Kugelgrippe?"* – *„Die was?"* – *„Äh, ist sie schwanger?"* Ich erklärte ihm, das sei ein Schmalreh, erst ein gutes Jahr alt und würde jetzt in der Brunft erstmals beschlagen. *„Beschlagen, vom Hufschmied wie das Pferd von Mama?"* Ich gab keine Antwort, denn der Bock interessierte mich mehr als der Hufschmied. Es war ein echter, alter Perückenbock mit grauem, fast weißem Haupt, schon länger bekannt, aber keiner von uns Pächtern hatte ihn je schussgerecht vor sich gehabt. Schon kam die nächste Frage von Flin: *„Weshalb jagt der Bock die Bitch so herum und was hat er Komisches auf dem Kopf?"* – *„Das ist ein Perückenbock, der hat eine Verletzung der Brunftkugeln und möchte, aber kann nicht mehr."* – *„Aha, dann ist er extrem hormongeflashed und hat ein Hardwareproblem."* Stille. Plötzlich springen die Rehe ab, und auch der Hase hoppelt von dannen. *„Opa, schau, eine kabellose Kackmaschine."* – *„Das ist ein streunender Hund und gehört Bauer Meier. Jetzt ist uns der Bock durch die Lappen gegangen und wir können die Flinte an den Nagel hängen. Jagd vorbei!"* – *„Nicht traurig sein, Opa, es war voll geil, wie die Bitch und der Bock zusammen Augensex hatten."*

Anderntags sandte ich Flin ein SMS und fragte ihn, ob ihm der Abendansitz gefallen habe. *„Mega cool, besonders der friedhofsblonde Bock. WeiHei."* Seitdem ist Spracherziehung für mich tabu.

Gelb ist das neue Grün

Kaum waren vor ein paar Millionen Jahren unsere Urahnen von den Bäumen gestiegen und streiften jagenderweise durch Savannen und Wälder, mussten sie feststellen, dass andere Säuger wesentlich schneller unterwegs waren. Während dies die Dummen unter den Jägern wenig kümmerte – sie rannten ihrer Beute einfach tagelang hinterher, bis entweder die Gejagten oder sie selbst erschöpft aufgaben – hielten die geistigen Eliten ihren Kopf schräg und dachten nach. Sie wollten sich nicht damit abfinden, dass sich ihr Lebensraum zwar massiv erweitert hatte, sie sich aber gleichzeitig mit neuen Gefahren und Herausforderungen konfrontiert sahen. Also legte sich Mann unter einen schattenspenden Baum, sinnierte, und schlief ein. Derweil waren vor dem Höhleneingang die Frauen der Denker aktiv, sorgten für das Zubereiten der Jagdbeute und beaufsichtigten das Geheck. Denn damals gab es weder Kitas noch Mutterschaftsurlaub.

Doch trotz all dem intensiven Nachdenken sollten noch Hunderttausende von Jahren vergehen, bis der entscheidende Durchbruch gelang: Die Domestizierung des Pferdes, mit dem man sich wesentlich rascher durch die Landschaft bewegen konnte und die Erfindung des Rades und von Karren, damit man die Beute nicht mehr mühsam nach Hause tragen musste. Ob diese Erfindung schließlich auf das Konto der denkenden Jäger oder auf jenes ihrer Frauen zu verbuchen ist – Letzteren ging das Sinnieren und Faulenzen ihrer Versorger je länger je mehr auf den Wecker – entzieht sich meiner Kenntnis. Tatsache ist, dass diese bahnbrechenden Ereignisse gut 3000 Jahre v. Chr. die Entwicklung der Menschheit im Allgemeinen und jene der Jagd im Besonderen wesentlich beeinflussten. Denn fortan war es den Jägern möglich, sich mit den Gejagten mehr oder weniger im Gleichschritt zu bewegen. Und sie mussten sich zur Tarnung nicht mehr in die Felle ihrer Beutetiere kleiden oder mühsam Fallgruben ausheben.

Es vergingen weitere Jahrtausende, bis gegen das Ende des 19. Jahrhunderts der Antriebsmotor erfunden wurde und die Pferdestärken der Autos der Pirsch mit dem Fiaker weitgehend den Todesstoß verpassten. Diese motorisierten Fortbewegungsmittel waren noch meist in schwarz oder grau gehalten, Dutzendware sozusagen. Doch dann kamen in den 1990er-Jahren die „Reisschüsseln" aus dem Fernen Osten und eroberten im Nu den Jägermarkt. Grün waren sie, mit Allradantrieb, und sie hießen, ja, heißen immer noch, Suzuki und Subaru. Ihr Vorteil: hundegerecht, wildgerecht und eben grün. Dieses Dunkelgrün verschmolz nicht nur mit der Umgebung im

© Martin Ebner

Gelb verspricht jagdlichen Erfolg

grünen Tann, sondern auch mit der grünen Kleidung der Jägerinnen und Jäger. Überall nur noch Grün, und das alles, bevor die politisch Grünen auch nur einen Hauch von Aufmerksamkeit erheischen konnten. Doch die Werbebranche hatte mit dem Slogan „Jäger fahren grün" die Rechnung ohne die Anpassungsfähigkeit der Gejagten, der Sauen, Hirsche, Rehe und Füchse gemacht. Zwar wurden anfänglich, weil sie die herannahende Gefahr übersahen, zahlreiche von ihnen

Opfer dieser jagdlichen Grün-Offensive. Nachdem aber aus diesen Gefährten Pulverdampf entströmte, orientierten sich die Gejagten neu. Die Farbe konnten sie zwar übersehen, doch das Geräusch der Motoren war unüberhörbar. Und so kam es, dass die Strecken der Gummipirschfahrten immer geringer wurden. Denn die Frischlinge und Bambis waren in der Lage, schon kilometerweit festzustellen, ob sich ein Subaru oder ein VW auf der Landstraße nähert. Und das, ohne je an der Fernsehsendung „Klein gegen Groß" teilgenommen zu haben.

So konnte es nicht weitergehen. An einem wolkenverhangenen, depressionsschwangeren Spätherbsttag – ich war einmal mehr ohne Beute, jedoch begleitet vom Gelächter des in den Dickungen gebliebenen Schalenwildes und dem bis über die Reviergrenzen hinaus gellenden Stakkato der Rabenkrähen nach Hause gekommen – bat ich Diana um ein Zeichen. Und siehe da, alsbald riss die Wolkendecke auf, und die Sonne legte einen goldgelben Schleier über die Landschaft. Sofort war mir klar: Gelb ist das neue Grün. Ich verkaufte meinen grünen Jagdpanzer und beschaffte mir ein postgelbes Jagdmobil. Seither säumen bei meiner Fahrt ins Revier Rotten von Wildschweinen mit quietschenden Frischlingen und Sprünge von Rehen mit fiependen Kitzen die Flur- und Waldwege. Und warten freudig erregt auf die mit Maiskolben und Golden Delicious prall gefüllten Winterhilfe-Pakete.

Sankt Hubertus und der Regenbogen

Erzählung

Der Alte liegt wach in seinem Bett. Eben hat die Stubenuhr 3 Uhr geschlagen. Seit er vor Mitternacht schlafen gegangen ist, hat er noch kein Auge zugetan. Am Abend hatte er einen Rehbock beschossen, gefunden hatte er ihn nicht. Auch seine Schweißhündin Kira suchte vergebens, sie verwies nicht einmal Schweiß oder Schnitthaare. Dennoch: Der Alte war seiner Sache sicher, ein Fehlschuss unmöglich. Es war zwar schon etwas dämmrig, der Bock trat auf die Wiese aus, verhoffte, stand breit, der Schuss fiel, und der Bock sprang ab. Ohne ein Schusszeichen.

Der Alte weiß, er hatte den Bock etwas hinter dem Blatt getroffen, ein tödlicher Schuss. Trotzdem, Zweifel kommen auf und halten ihn wach. Und alte Erinnerungen kommen hoch: Kurz nach bestandener Jägerprüfung lief ihn auf der Morgenpirsch eine Rotte Wildschweine an. Er beschoss eine auf dreißig Meter. Gefunden wurde die Sau nie.

Es ist aber nicht nur der Rehbock, der den Alten nicht schlafen lässt. Gestern Vormittag verwickelte ihn sein Sohn Kevin in ein Gespräch über Gott. Es war nicht das erste Mal. Bereits vor zwei Wochen fragte Kevin ihn: „Paps, glaubst du an Gott?“ Der Alte empfand die Frage als unangenehm. Er wich aus: „Glauben macht selig, Glauben macht krank, Glauben macht glücklich, Glauben macht abhängig, Nichtglauben frei. Der Glaube ist eine feste Zuversicht und lässt auch keinen Zweifel zu an dem, was man nicht sieht. Deshalb kann man Gott, auch wenn er unsichtbar ist, nicht vermissen. Er ist da.“ – „Amen“, entgegnete Kevin. Und der Alte wusste, jetzt lag er daneben. „Welchen Gott meinst du denn?“, versuchte er das Gespräch zu entschärfen. „Jenen, von dem Pfarrer Maurer in der Kirche erzählt.“

Den Bock hatte der Alte vor zwei Jahren das erste Mal gesehen. Am gleichen Ort wie gestern Abend. Es war ebenfalls Brunftzeit. Plötzlich stand er auf der Wiese, nahe am Waldrand. Die tiefe Abendsonne machte das Rot seiner Decke noch röter, und die hohen Stangen seines Geweihs leuchteten silbrig. Das war ein starker Bock. Reich geperlt die Stangen, lang die Augsprossen und massig die Rosen. Aber nicht alt.

Eleganz im Gegenlicht

Daneben ein weibliches Tier, das im Licht der untergehenden Sonne noch feingliederiger wirkte, als es Schmalrehe eh schon sind. Feenhaft stand es da. Das ganze Schauspiel dauerte kaum eine Minute, dann verschluckte der Wald den Freier mit seiner Begleiterin. Das war eine Begegnung, wie sie der Alte schätzte. Unverhofft, geheimnisvoll, kurz, Fragen stellend. Wo hatte der Bock bisher seinen Einstand? Weshalb hatte er ihn noch nie gesehen? Wird er dableiben? Wie wird er sich im nächsten Jahr präsentieren?

Der Alte kannte Pfarrer Maurer. Ein umgänglicher Typ, der sich vor allem mit den Jungen gut verstand. Seit er vor ein paar Jahren einen Gospelchor gegründet hatte, war das Gotteshaus voll, wenn der Chor auftrat. Der Alte war auch schon zwei-, dreimal dabei gewesen. Ausnahmsweise, wie er zu sagen pflegte, wenn er von seiner Frau mitgenommen wurde. Zwar liebte er Gospelsongs, auch Blues. Aber das konnte man auch zu Hause oder in einer Konzerthalle hören und musste dabei nicht auch noch einen Gottesdienst über sich ergehen lassen. Schließlich war er aus der Kirche ausgetreten, weil er von der Organisation Kirche nichts hielt. Und dann kam gestern Kevin und fragte: „Bist du aus der Kirche ausgetreten, weil du nicht an Gott glaubst oder weil du Kirchensteuern sparen willst?" – „Woher hast du das?" – „Von Pfarrer Maurer." – „Der soll sich um das Seelenheil seiner Schäfchen kümmern und nicht um mich." Der Alte spürte, jetzt wurde es schwierig. „Paps, was machst du mit dem eingesparten Geld?" – „Ich spende es Schutz- und Hilfsorganisationen." – „Hast du ein schlechtes Gewissen oder willst du dich rückversichern?" – „Ich habe jetzt keine Zeit, muss arbeiten!" Kevin verzog sich brummend. Vielleicht hat der Junge recht, dachte der Alte. Vielleicht sind die Spenden an wohltätige Institutionen tatsächlich etwas wie moderner Ablasshandel.

Auch im vergangenen Frühjahr und in der Brunft hatte der Alte den Bock gesehen. Diesmal mit einer führenden Geiß. Wie im Jahr zuvor trieb der Bock seine Umworbene aus dem Wald auf die Wiese. Sie drehten ein paar Runden, der Bock ritt auf, und dann standen die beiden eine Weile regungslos da. Ein Schatten, links am Waldrand, lenkte ab. Eine Fuchsfähe und ihre drei Welpen standen dort, auf Futtersuche. Die Rehgeiß warf auf, war plötzlich hellwach und trollte zu den Füchsen hin. Mutter gegen Mutter. Die Füchsin ließ es nicht darauf ankommen. Der Wald verschluckte die vier. Das Schrecken der Geiß und das Bellen der Fähe steigerten sich in ein Stakkato, das nur langsam abebbte. Der Bock stand weiterhin auf der Wiese. Das Geweih war noch mächtiger geworden. Der Körper kräftiger. Jetzt war er im besten Alter. Sollte der Alte ihn erlegen? Zeit dazu hätte er gehabt, aber weshalb noch ein weiteres Sechsergehörn an der Trophäenwand? Es waren schon genug. Vielleicht als Abschluss seiner Jägerlaufbahn? Aber weshalb muss das mit einer solch kapitalen Trophäe sein? Ja, die

Flinte an den Nagel hängen, das konnte er auch so. Dafür brauchte er nicht noch eine Goldmedaille auf der Trophäenschau.

Kevin ließ nicht locker. Bald stand er wieder im Büro des Alten. „Paps …" Der Alte unterbrach ihn: „Was ist los mit dir? Bist du auf eine Heilige gestoßen?" Tatsächlich waren Kevin bis vor kurzem Gott und Glaube schnurzegal gewesen, dann aber hatte er sie getroffen. Er stieg eines Abends aus dem Bus, und da stand sie an der Haltestelle. Mädchenhaft, lange rötliche Haare bis über die Schultern, weiße, fast transparente Haut mit Sommersprossen um die kleine Stupsnase. Er wollte vorbeigehen. Er konnte nicht. Der Bus war bereits abgefahren. „Hallo, wartest du auf jemanden?" – „Nein!" – „Kann ich dir helfen?" – „Nein!" – „Wie heißt du? Vielleicht ‚Nein'?" – „Natascha", antwortete sie mit leicht spöttischem Blick. „Hey, was willst du", fragte jemand. Ein Kerl mit kahlem Haupt und tätowierten Oberarmen so dick wie Kevins Schenkel stand hinter ihm. „Eigentlich nichts", entgegnete Kevin und machte sich davon. „Das ist mein Bruder Fred", rief ihm Natascha nach, doch das realisierte er erst später. Am nächsten Abend stand Natascha wieder bei der Bushaltestelle. „Du wartest auf mich?", fragte Kevin. – „Ja!" – „Wohin gehst du?" – „Zur Gospelprobe." – „Ich komme mit."

In der Zwischenzeit war Kevin schon bei mehr als einem Dutzend Proben dabeigewesen. Seit kurzem sang er mit, nächstens sollte es in der Kirche wieder eine Aufführung geben. Glaubte er nun an Gott? Nein, aber wenn Natascha mit ihrem engelhaften Gesicht dastand und ihr Solo mit „God Put A Rainbow In The Sky" von Mahalia Jackson zum Besten gab, dann bekam Kevin eine Vorstellung, was „göttlich" bedeuten konnte. Es gab Gänsehaut und den Rücken hinab liefen Ameisen. Natascha meinte auch, ohne ihren unerschütterlichen Glauben an Gott könnte sie ihre Soli niemals so rein und hingebungsvoll hinkriegen. Aber spätestens bei ihr zu Hause, wenn sie eng umschlungen im Bett lagen und Kevin zärtlich über ihre Rundungen strich, spürte er, dass in Natascha nicht nur ihr fester Glaube an Gott loderte, sondern auch die Versuchung, das Paradies und das Fegefeuer.

Der Alte dreht sich in seinem Bett auf die andere Seite. Er kann immer noch nicht schlafen. Ein leichter, heller Schimmer kündigt durch das Schlafzimmerfenster aber an, dass der Morgen nicht mehr lange auf sich warten lassen würde. Trotzdem, es ist zu früh zum Aufstehen und im Wald für eine Nachsuche noch zu dunkel. Tiefhängende Äste und Brombeerranken wären kaum auszumachen. Würde seine Hündin Kira den Bock finden? Wo waren wohl die Füchse vom nahen Bau in dieser Nacht? Hatten sie den Bock bereits angeschnitten? Kurz muss der Alte eingeschlafen sein. Er träumt davon, wie sich die Fuchsfähe und ihre Welpen am Bock gütlich tun. Zuerst reißen sie ganze Fleischstücke aus den Keulen, dann kommen die Innereien dran, der Rücken. Mit blutverschmierten Fängen legen sie sich kurz neben ihre Beute, dann geht es beim Träger weiter. Sie zerren an dem, was noch übrig geblieben ist, ziehen die blank genagten Rippen mit den Vorderläufen und dem Haupt Richtung Bau. Jetzt muss er eingreifen. Mit einem Stock schlägt er auf die Füchse ein. Zweimal, dreimal, aber die lassen sich nicht vertreiben, greifen ihn an, verteidigen ihre Beute. Der Stock bricht. Schließlich greift er zum Gewehr, der Schrotschuss tötet zwei der Räuber, die anderen drei flüchten. Ein Teil der Garbe trifft aber auch das Haupt des Bockes. Geweihstücke fliegen nach allen Seiten. Oben in den Baumkronen krächzt ein Kolkrabe. Dann ist es still. Auf die Reste des Bockes fällt ein erster Sonnenstrahl und lässt die Geweihstummel silbrig glänzen. Der Alte wacht auf, schweißgebadet.

Er steht auf. Der Kaffee ist schnell getrunken. Zehn Minuten später ist er beim Anschuss. Bald würde die Sonne aufgehen. Kira nimmt die Fährte sofort auf. Sie führt den Alten an der langen Schweißleine direkt in den Wald, dann ein paar Schritte geradeaus und anschließend scharf rechts weiter. Der Alte wundert sich: Weshalb war Kira gestern Abend so unsicher und jetzt zieht sie selbstbewusst am Riemen? Auf einem am Boden liegenden Baumstamm verweist der Hund etwas Schweiß. Jetzt ist sich der Alte seiner Sache sicher. Weit kann es nicht mehr gehen. Vor einem Jungwuchs hebt Kira den Windfang und wird langsamer. Ein gutes Zeichen, und schon sieht der Alte zwischen den Tannästen hindurch ein Reh liegen. Vorderläufe und Haupt sind verdeckt. Das ist der Bock. Ein Lob für den Hund. Dann zieht der

Der Regenbogen Gottes

Alte das Tier an den Hinterläufen aus dem Jungwuchs, und erstarrt: Das Haupt fehlt, sauber beim Atlas abgetrennt. Die Füchse, durchfährt es den Alten. Er eilt zum Jungwuchs, nichts. Dann zum nahen Bau. Mit einer Haselrute stochert er in den Röhren herum, findet aber keine Spur vom Haupt. Ratlosigkeit macht sich breit, ein Eichelhäher schimpft ob der Störung.

Kurze Zeit später ist er wieder zu Hause. In der Stube steht Kevin: „Hast du den Bock gefunden?" – „Ja, aber das Haupt mit dem Gehörn fehlt. Kennst du die Geschichte vom Heiligen Hubertus?" Der Junge schüttelte den Kopf. „Hubertus war ein wilder, passionierter Jäger. Auf einer seiner Jagden begegnete er einem Hirsch, zwischen dessen Geweihstangen Lichter leuchteten, und eine göttliche Stimme riet Hubertus zu Demut und auf das Wohl der Tiere zu schauen. Hubertus warf seine Waffe weg." – „Wirst du das jetzt auch tun, Paps?" – „Morgen Abend werde ich mit euch in die Kirche zur Gospelmesse kommen, um Natascha zu hören, wie sie von Gott und dem Regenbogen singt."

Jägersprache

.222 Remington: Patrone im ► Kaliber 5,6 mm, für die Rehwildbejagung erlaubt

.300 Winchester-Short-Magnum: schnelle, moderne Patrone im ► Kaliber 7,62 mm mit verkürzter Hülse

7x64: Patrone im ► Kaliber 7 mm mit einer Hülsenlänge von 64 mm

100-Pfünder-Elefantenjäger: Jäger, der einen Elefanten mit Stoßzähnen von mindestens 100 Pfund erlegt hat

A

abfangen: töten von Schalenwild mit einer ► blanken Waffe, z. B. Saufeder

abnormer Bock: Rehbock, dessen Geweih nicht „normal" entwickelt ist (teilweise abgebrochen, zur Seite stehend …)

Anblick: etwas sehen

angeschweißt: durch ein Geschoss verletztes Tier verliert Blut (Schweiß)

angeschnitten: verletztes bzw. totes Wildtier, das angefressen wurde

anpirschen: langsam auf das Wild zugehen; ► pirschen

Anschuss: Stelle, wo das Wild bei der Abgabe des Schusses war

ansprechen: ein Wildtier (durch den Feldstecher) anschauen

anwechseln: herankommen

äsen: fressen

Äser: Maul eines ► Hirschartigen

Aser: Essen des Jägers, Schüsseltrieb

Aserfeuer: offenes Feuer, auf dem der Jäger sein Essen zubereitet

aufbrechen: einem erlegten Wildtier die Eingeweide entnehmen

Aufbruch: herausgenommenes ► Gescheide und ► Geräusch des Schalenwildes

Augsprosse: die erste oberhalb des Auges nach vorne weisende ► Vereckung am Geweih oder Gehörn

Ausschuss: Stelle, wo das Geschoss den Körper verlässt
austreten: das Verlassen der Deckung durch das ► Schalenwild
ausweiden: einem erlegten Wildtier die Eingeweide entnehmen, ► aufbrechen

B

Bache: weibliches Wildschwein
Balg: Fell des Fuchses oder Marders
Basse: sehr altes, starkes männliches Wildschwein ► Keiler
Bau: „Wohnung" des Fuchses oder Daches unter dem Boden (Fuchsbau, Dachsbau). Der Bau besteht aus Röhren und ► Kessel
Baujagd: Jagd auf Fuchs und Dachs in deren ► Bau mithilfe von kleinen Jagdhunden (Dackel, Jagdterrier)
Big Five: dazu zählen Elefant, Löwe, Nashorn, Leopard und Büffel
Bissen, letzter: ein kleiner Zweig, der dem erlegten Wild in den ► Äser gelegt wird (er symbolisiert die letzte Mahlzeit vor dem Tode)
beschlagen: das Begatten beim Schalenwild
blanke Waffe: Sammelbezeichnung für Hieb- und Stoßwaffen sowie für Messer, die auf der Jagd verwendet werden
blasen: erregte Lautäußerung des Wildschweines (eine ► Bache bläst, weil sie sich in Gefahr fühlt)
Blatt: Schulter des Tieres ► Blattschuss
Blattschuss: Schuss (Treffer) mitten auf das ► Blatt (tödlicher Schuss)
Blattzeit: Paarungszeit des Rehwildes
Borsten: Haare des Wildschweins
Brunftkugeln: Hoden des ► Schalenwildes
Brunftrute: Penis
Brunft: Paarungszeit von allem Schalenwild, außer beim Schwarzwild
Brunftplatz: Ort, an dem die Brunft stattfindet
Büchse: ein- oder mehrläufiges Kugelgewehr (► Repetierbüchse, ► Kipplaufbüchse, ► Doppelbüchse)

D

Decke: Fell der Geweih- und Hornträger (hier beim Reh)

Doppelbüchse: zweiläufiges Kugelgewehr, dessen ► Läufe nebeneinander angeordnet sind

Bockdoppelbüchse: zweiläufiges Kugelgewehr, dessen ► Läufe übereinander angeordnet sind, auch Bockbüchse genannt

Doppelflinte: zweiläufiges Schrotgewehr, dessen ► Läufe nebeneinander angeordnet sind

Drückjagd: Jagdart, bei der durch ► Treiber und Hunde versucht wird, den wartenden Jägern das Wild zuzutreiben (► treiben)

E

Einstand: der regelmäßige, schutzbietende Aufenthaltsort des Schalenwildes

erlegen: ein Wildtier schießen

Erlegerbruch: kleiner (meist) Tannen- oder Fichtenzweig, der dem erfolgreichen Jäger überreicht wird. Kann auch ein Eichen- oder Buchenzweig sein.

F

Fähe: weibliches Tier des ► Haarraubwildes

Fährte: Fußabdrücke des ► Schalenwildes (► Spur)

Fallwild: Wild, das aufgrund einer Krankheit oder eines Unfalls ► verendet ist

Fang: Maul bei Hunden oder beim Raubwild

Flinte: Jagdgewehr, mit dem ► Schrotpatronen verschossen werden

Flucht(en): Wegspringen des Wildes (es „flieht") bei Gefahr oder nach einem Schuss

Frischling: Wildschwein beiderlei Geschlechts, jünger als ein Jahr

Fuchsfähe: weiblicher Fuchs

führend: hier: Muttertier mit Jungen

G

Gebräch: vom Schwarzwild mit dem Gebrech aufgewühlter Boden

Gebrech: Rüssel des Wildschweins

Geheck: die Jungen beim ► Haarraubwild

Gehör: Ohren des Fuchses

Geläut: Bellen
genossen machen: zu essen (fressen) geben
geperlt: unregelmäßige Erhebungen (Perlen) an den Stangen der Geweihe des ► Schalenwildes
Geräusch: Lunge, Herz, Nieren und Leber des ► Schalenwildes
Gescheide: Darm des Wildes
Gewaff: Eckzähne des Wildschweines
Grandeln: 2 Eckzähne im Oberkiefer des Rotwildes
Grannenhaare: lange Haare im Winterfell des Fuchses
Greifvogel: fleischfressender Vogel (Milan, Habicht, Sperber …)
Grenzbock: Rehbock, der seinen Lebensraum über zwei Jagdrevieren hinweg hat
Gummipirsch: jagen mit Auto

H

Haarwild: Fuchs, Hase, Reh, Hirsch … (alle wilden Säugetiere mit Haaren)
Haarraubwild: Fuchs, Marder, Iltis, Dachs …
Hahn in Ruh: es wird nicht mehr geschossen
Haupt: Kopf vom ► Haarwild
Hinterlauf: hinteres Bein eines Wildtieres ► Vorderlauf
Hirschartiger: dazu gehören Reh, Rothirsch, Damhirsch, Sikahirsch … (sog. Cerviden)
Hirschkuh: weiblicher Hirsch im Alter von mehr als zwei Jahren
Hochsitz: erhöhte Vorrichtung für Jäger, die ihm eine bessere Rundsicht gewährleistet

J

Jagdsignale: mit den Jagdhörnern werden die unterschiedlichsten Stücke (Signale) gespielt. Z.B „Reh tot“, „Hirsch tot“, „Jagd vorbei“, „Auf Wiedersehen“

K

Kalb: Jungtier beim Rotwild
Kaliber: Durchmesser eines Geschosses in Millimeter oder Zoll

kapitaler Hirsch / Rehbock: ein im Geweih sehr großer, meist alter männlicher Rothirsch/Rehbock

kapitaler Keiler: sehr großes, meist altes, männliches Wildschwein (► Keiler, ► Basse)

Keiler: männliches Wildschwein, älter als zwei Jahre

Kessel: Unterschlupf des Wildschweines (z.B. Reisighaufen) oder „Wohnraum" im ► Bau des Fuchses oder Dachses

Keule: Oberschenkel eines Wildtieres

Kipplaufbüchse: Jagdgewehr, bei dem zum Einführen der Patrone(n) der Lauf gekippt wird

Kirrung: Platz, an dem mit wenig Futter (z.B. Mais) Wildschweine angelockt werden

Kitz: junges Reh oder Gämse oder Steinwild (► Rehkitz, Gamskitz, Steinkitz)

klagen: Lautäußerung des Wildes bei Schmerzen oder Angst

Kurzwildbret: Geschlechtsteile des männlichen ► Haarwildes

L

Lauf: 1. Bein eines Wildtieres, 2. vorderer Teil des Gewehrs

Lauscher: Ohren eines Rehs (► Hirschartigen)

Laut geben: bellen

Leitbache: weibliches Wildschwein, das eine ► Rotte anführt

letzter Bissen: ► Bruch für das erlegte Wildtier. Ein (meist) Tannen- oder Fichtenzweig wird ihm in den ► Äser geschoben.

Licht(er): Augen des Schalenwildes

Löffel: Ohren des Feldhasen

Losung: Exkremente des Wildes

Luderplatz: Einrichtung zum Anlocken fleischfressender Wildtiere

Lunte: Schwanz des Fuchses

M

Meister Bockert: Name des Bibers in Fabeln

N

Nachsuche: die Suche nach einem verletzten Wildtier

P

Pansen: Magen

Perückenbock: ein Rehbock, dessen Gehörn durch eine Verletzung der ► Brunftkugeln missgebildet ist und nicht mehr abgeworfen wird

pirschen: langsames Gehen auf der Jagd

Pirschgang: pirschen gehen

Platzhirsch: dominierender männlicher Hirsch in einem Rudel von Rotwild

Pürzel: Schwanz des Wildschweins

R

Ranzzeit: Paarungszeit vom Fuchs

Rauschzeit: Begattungszeit der Wildschweine

Rehgeiß: weibliches Reh, älter als zwei Jahre

Rehkitz: junges Reh, jünger als ein Jahr

reißen: töten

Repetierbüchse: einläufiges Kugelgewehr mit Magazin zur Aufnahme der Patronen

Ricke: weibliches Reh ► Rehgeiß

Röhren: mehr oder weniger verzweigtes Tunnelsystem in einem Fuchs- oder Dachsbau

Rose: der unterste, sichtbare Geweihteil beim Reh

Rosenstock: Knochen zwischen Schädel und ► Rose eines Geweihträgers (► Hirschartigen). Aus diesem wächst das Geweih.

Rotte: mehrere Wildschweine (Familienverband)

Rute: Schwanz des Wolfes/Hundes

S

Saufeder: Spieß mit einem Holzschaft zum ► Abfangen von Schwarzwild

Salzlecke: mit Salz bestreuter Pfahl / abgesägter Baumstamm mit Salzstein für das Wild

Schale: Fuß des ► Schalenwildes

Schalenabdruck: Abdruck der ► Schale auf dem Boden oder im Schnee
Schalenwild: dazu gehören Reh, Rothirsch, Damhirsch, Sikahirsch … (sog. Cerviden), aber auch Wildschweine
Sechsergehörn: Geweih eines ► Hirschartigen, das pro ► Stange je drei ► Vereckungen aufweist
Schmalreh: weibliches Reh im zweiten Lebensjahr (hat noch keine Junge)
Schnitthaare: vom Geschoss abgetrennte Haare
schnüren: langsames Gehen des Fuchses (ein Fuchs schnürt)
schöpfen: trinken
Schof: mehrere Wasservögel (Enten) zusammen
Schonzeit: Zeitraum, während dem nicht gejagt werden darf (während der Aufzucht der Jungtiere dürfen z.B. Muttertiere nicht bejagt werden
schrecken: Lautäußerung beim ► Schalenwild, wenn es gestört wird
Schrot: Bleikugeln in ► Schrotpatronen
Schrotgröße Schrotstärke: Durchmesser einer Schrotkugel. Auf Füchse schießt man mit Schrot von der Größe 3.5 mm (Nr. 3), auf Rehe mit 3,75 bis 4 mm (Nr. 2 und 1), nur in der Schweiz erlaubt, nicht in A und D
Schrotpatrone: Patrone, die, je nach ► Kaliber und ► Schrotgröße ca. 80 bis 200 einzelne Bleikugeln enthält
Schürze: Haarbüschel unterhalb des Geschlechtsteils beim weiblichen Rehwild in der ► Winterdecke
Schusszeichen: das beschossene Tier zeigt eine Reaktion auf den Schuss
Schwarte: Fell des ► Schwarzwildes
Schwarzwild: Wildschwein
Schweiß: aus dem Wildkörper ausgeflossenes Blut
Schweißfährte: Blutspur
Schweißhund: speziell zur ► Nachsuche ausgebildeter Hund
Schweißleine: Leine zum Führen eines ► Schweißhundes
Seher: Augen des Fuchses, Wolfes … (Raubwildes)
Sommerbock: Rehbock im Sommer (Jagd auf den Sommerbock)

Spiegel: helle Fellfärbung am Hinterteil von ► Hirschartigen
Spießer: Geweih eines ► Hirschartigen, das nur aus zwei Spießen ohne ► Vereckung besteht
Sprung: mehrere Rehe (Familienverband)
Spur: Fußabdrücke des Raubwildes (Fuchs, Marder, Dachs …)
spurlaut: ein Hund jagt spurlaut, wenn der auf der Fährte des Wildes, das er verfolgt, laut bellt
Stange: Geweihe/Gehörne bestehen im Normalfall aus zwei Stangen
stoßen (nach etwas stoßen): etwas fangen (Greifvögel, Eulen stoßen auf ihre Beute)
Strecke: Beute (erlegte Wildtiere) von einem oder mehrerer Jäger
Strecke legen: erlegte (geschossene) Wildtiere werden nebeneinander auf den Boden gelegt
Streckenplatz: Ort, an dem die erlegten Wildtiere zur ► Strecke gelegt werden
Suhle: „Badewanne" von Wildschwein und Rothirsch, wo sie sich im (Wasser-)Schlamm wälzen können

T

Take-Down Repetierer: Repetiergewehr, dessen System und Lauf man ohne Werkzeug aus dem Schaft nehmen kann
Teller: Ohren des Wildschweins
Tellereisen: Falle zum Fang von Raubwild, heute verboten
Totsuche: Suche mit dem ► Schweißhund nach einem verletzten Tier, das bereits tot ist
Tracht: Gebärmutter
Träger: Hals des Rehs, Rotwildes usw.
treiben: Menschen (► Treiber) und Jagdhunde versuchen, das Wild so in Bewegung zu bringen, dass es den wartenden Jägern vor die ► Flinte bzw. ► Büchse läuft
Treiber: Jagdgehilfen, welche den Jägern das Wild zutreiben sollen
Trophäe: ein Teil der Beute des Jägers (Geweih, Gehörn, Zähne, Fell)

U

Überläufer: Wildschwein beiderlei Geschlechts im Alter von ein bis zwei Jahren

V

verblasen: die ► Strecke einer Jagd wird von den Jagdhornbläsern mit entsprechenden ► Jagdsignalen verblasen („geehrt", „gewürdigt")
verenden: sterben
verfärben: Haarwechsel beim Reh, jeweils im Frühjahr (von Graubraun zu Rotbraun) und Herbst (von Rotbraun zu Graubraun)
vergrämen: verscheuchen
verhoffen: stehen bleiben
verweisen: ein ► Schweißhund verweist (zeigt) bei der ► Nachsuche ► Schweiß oder ► Schnitthaare
Vorderlauf: vorderes Bein eine Wildtieres ► Hinterlauf

W

Wechsel: Pfad/Weg, auf dem Wildtiere regelmäßig laufen
wechseln: von einem Gebiet ins andere gehen
weidgerecht / weidmännisch: entspricht den von den Jäger selbst auferlegten Regeln zur Bejagung des Wildes ► Weidgerechtigkeit
Weidgerechtigkeit: „ungeschriebenes" Gesetz zur Bejagung des Wildes, jagdliche Ethik
Weidmannsdank: Dank des Jägers (Weidmanns)
Weidmannsheil: Glückwunsch der Jäger vor Aufbruch zur Jagd
Weidmannsheil gehabt: ein Jäger konnte ein Wildtier erlegen
weidwund: ein Wildtier wurde „weidwund" getroffen, das heißt im Bereich des Magens und/oder der Gedärme und ist deshalb meist nicht sofort ► verendet
WeiHei: Abkürzung von ► Weidmannsheil im SMS-Zeitalter
Wind bekommen: etwas riechen
Windfang: Nase des Schalenwildes außer beim Schwarzwild
Wundbett: Stelle, an der sich ein verwundetes Tier niedergelegt hat
Wurf: hier: der Rüssel des ► Schwarzwildes

Wurfkessel: Unterschlupf einer Bache, wo sie ihre Jungen zur Welt bringt bzw. gebracht hat ► Kessel

Z

Zielwasser: (alkoholisches) Getränk, durch das die Treffsicherheit erhöht werden soll

zur Strecke bringen: ein Wildtier erlegen

zur Strecke legen: die an einem Jagdtag erlegten Tiere an einem Ort niederlegen

Zwangswechsel: ► Wechsel, dem Wildtiere aufgrund des Geländes oder der Vegetation zwangsläufig folgen müssen (z. B. unter einer Felswand entlang)

Redewendungen

da liegt der Hase im Pfeffer: das ist der entscheidende Punkt

das Hasenpanier ergreifen: flüchten

den Hasen aus dem Busch klopfen: jemanden gezielt herausfordern

der frühe Vogel fängt den Wurm: wenn man mit einer Sache erfolgreich sein will, sollte man frühzeitig damit beginnen

die Flinte an den Nagel hängen: resignieren, aufgeben

die Flinte ins Korn werfen: resignieren, aufgeben

ein Kerl aus echtem Schrot und Korn: ein ehrlicher, aufrichtiger Mensch

etwas durch die Lappen gehen lassen: eine wichtige Sache verpassen

jemandem das Fell über die Ohren ziehen: jemandem Schaden zufügen, jemanden übervorteilen

jemandem eins hinter die Löffel geben: jemanden ohrfeigen

jemanden aufs Korn nehmen: jemanden genau beobachten

Lunte riechen: eine Gefahr, die auf einen zukommt, schon im Voraus merken

man soll das Fell des Bären nicht verteilen, bevor man ihn erlegt hat: man sollte nicht einen Erfolg feiern, bevor man ihn erzielt hat

Wind bekommen: von etwas, das geheim bleiben sollte, Kenntnis erhalten

Portrait

Zwei meiner treuen Begleiter

Martin Ebner, geboren am 7. Januar 1944 in Zürich. Das jagdliche Gen wurde ihm bereits in die Wiege gelegt, übten doch schon Vater und Großvater das Weidwerk aus. Eher zum Missfallen seiner Mutter, waren ihre zwei Männer öfters jagenderweise unterwegs, als dass sie in Haus und Garten mitgeholfen hätten. Die Faszination der Jagd und der Umgang mit Hunden sowie vor allem die kleinen Wunder der Natur, denen man bei Pirschgängen und Ansitzen immer wieder begegnet, begleiten ihn jetzt schon seit sechs Jahrzehnten. Wenn im Januar beim Ansitz auf den Winterfuchs plötzlich ein Waldkauzmännchen sein schaurig-schönes Liebeslied in die Mondnacht „trällert" oder der alte, heimliche Rehbock in der Brunft wie von einem GPS-Signal geführt, den Windfang nah am Boden, der Fährte eines Schmalrehs folgt oder wenn sich ein Zaunkönig auf die Laufmündung der auf der Kanzelbrüstung liegenden Kipplaufbüchse setzt und mit wippendem Stoß sein Gegenüber interessiert mustert, dann sind das Augenblicke im Jägerleben, die unauslöschlich erhalten bleiben.

Diese Augenblicke zählen je länger je mehr, desto älter man wird. Denn mit dem Übertritt in die Altersklasse der 75+-Jährigen muss man langsam loslassen: Die geliebte Bergjagd, der Pirschgang im unwegsamen Gelände, den Schuss auf den die Schneise „überfliegenden" Überläufer. Was aber bleibt, sind die Erinnerungen.

Aus unserem Programm

ISBN 978-3-7020-1623-4